Guy Besse u. a.
Kritische Betrachtungen zu
Jacques Monods „Zufall und
Notwendigkeit“

ZUR KRITIK DER BÜRGERLICHEN IDEOLOGIE

30

HERAUSGEGEBEN VON MANFRED BUHR

unter Mitwirkung von

ANDRÁS GEDÖ (Budapest) · M. T. JOWTSCHUK (Moskau)
TODOR PAWLOW (Sofia) · VLADIMIR RUML (Prag)
ROBERT STEIGERWALD (Frankfurt/Main)

GUY BESSE · PHILIPPE CAZELLE · PIERRE JAEGLÉ
JOË METZGER · JACQUES MILHAU
JACQUES NINIO · PIERRE ROUBAUD

Kritische Betrachtungen zu Jacques Monods „Zufall und Notwendigkeit“

AKADEMIE-VERLAG
BERLIN
1973

„... bürgerliche oder sozialistische Ideologie. Ein Mittelding gibt es hier nicht (denn eine ‚dritte' Ideologie hat die Menschheit nicht geschaffen, wie es überhaupt ... niemals eine außerhalb der Klassen und über den Klassen stehende Ideologie geben kann). Darum bedeutet *jede* Herabminderung der sozialistischen Ideologie, jedes *Abschwenken* von ihr zugleich eine Stärkung der bürgerlichen Ideologie."

Lenin

Vorbemerkung des Herausgebers

Der revolutionäre Charakter des Marxismus-Leninismus als einer Wissenschaft des Kampfes, *des Klassenkampfes,* impliziert die kontinuierlich geführte prinzipielle Auseinandersetzung mit allen Erscheinungsformen der bürgerlichen und revisionistischen Ideologie. So gesehen, ist der *ideologische Klassenkampf* ein unabdingbarer Bestandteil der im *Kommunistischen Manifest* wissenschaftlich begründeten welthistorischen Mission des Proletariats. Der Kampf der Arbeiterklasse unter Führung ihrer marxistisch-leninistischen Partei verlangt dergestalt zur Durchführung der sozialistischen Revolution, zur Errichtung ihrer politischen Herrschaft, der Diktatur des Proletariats, und zur erfolgreichen Gestaltung der sozialistischen und kommunistischen Gesellschaft nicht nur die politische und ökonomische, sondern ebensosehr die konsequente ideologische und theoretische Entmachtung der Bourgeoisie.

Anliegen der Reihe *Zur Kritik der bürgerlichen Ideologie* ist es deshalb, die verschiedenen Erscheinungsformen der bürgerlichen und revisionistischen Ideologie der kritischen, das heißt der marxistisch-leninistischen Analyse zu unterziehen und in diesem Prozeß die prinzipiellen Positionen des Marxismus-Leninismus zu festigen. In sie wurde die kritische, die historischen Grenzen markierende Behandlung des humanistischen ideologischen Erbes der progressiven Bourgeoisie einbezogen, um die Tendenz seiner Verwirklichung, seiner Weiter- und Höherentwicklung im Prozeß der Gestaltung der sozialistischen Gesellschaft aufzuweisen und es gegen seine falschen Nachkommen, die Ideologen der imperialistischen Bourgeoisie, zu verteidigen.

Bei der Durchführung des Anliegens der Reihe sind sich Autoren und Herausgeber der optimistischen Mahnung von *Marx* bewußt:

„Die Arbeiterklasse verlangt keine Wunder ... Sie hat keine fix und fertigen Utopien ... Sie weiß, daß, um ihre eigne Befreiung und mit ihr jene höhre Lebensform hervorzuarbeiten ..., daß sie, die Arbeiterklasse, lange Kämpfe, eine ganze Reihe geschichtlicher Prozesse durchzumachen hat, durch welche die Menschen wie die Umstände gänzlich umgewandelt werden. Sie hat keine Ideale zu verwirklichen."

Und: „Im vollen Bewußtsein ihrer geschichtlichen Tendenz und mit dem Heldenentschluß, ihrer würdig zu handeln, kann die Arbeiterklasse sich begnügen, zu *lächeln* gegenüber den plumpen Schimpfereien der Lakaien von der Presse wie gegenüber der lehrhaften Protektion wohlmeinender Bourgeoisiedoktrinäre, die ihre unwissenden Gemeinplätze und Sektierermarotten im Orakelton wissenschaftlicher Unfehlbarkeit abpredigen."

Für Hilfe und Mitwirkung beim Zustandekommen vorliegenden Heftes haben wir unserem Freund und Genossen *Guy Besse*, Mitglied des Politbüros der Französischen Kommunistischen Partei, Directeur du Centre d'Études et de Recherches Marxistes, Paris, zu danken.

Manfred Buhr

Inhalt

Guy Besse

Einleitung: Jacques Monod und der Marxismus

Die in diesem Heft vereinigten Studien wurden in Frankreich von marxistischen Wissenschaftlern geschrieben. Sie sind einem Werk gewidmet, dem eine beachtliche Werbekampagne von bürgerlicher Seite zugute kam und das von einigen als das Buch des Jahrhunderts angekündigt wurde.

Da J. Monod ein hervorragender Biologe ist, ist es zunächst Sache der Biologen, sich zu „Zufall und Notwendigkeit" zu äußern. Aber es ist ein glücklicher Umstand, daß Forscher verschiedener Fachrichtungen ihre Meinung über sein Buch konfrontieren. Eine solche Konfrontation ist um so mehr berechtigt, als der Autor sich keineswegs auf die Biologie beschränkt. Sein Buch hat zum Untertitel: „Versuch über die *Naturphilosophie* (hervorgehoben von uns) der modernen Biologie".[1]

Wir leben in einer Zeit, da in der kapitalistischen Welt das philosophische Denken nicht mehr imstande ist, wie früher große Systeme zu entwerfen. So ist in Frankreich die Epoche des Bergsonismus vorüber. Hamelin, Léon Brunschvicg, Louis Lavelle haben nicht mehr viele Leser. Die verschiedenen Varianten des Existentialismus oder des christlichen Personalismus erweisen sich als unfähig, ihren inneren Zusammenhang zu finden. Der zweite Weltkrieg hat nicht nur das Kräfteverhältnis auf dem Felde verändert, auf dem aufsteigender Sozialismus und absteigender Kapitalismus sich bekämpfen. Nach diesem Krieg und infolge des neuen Kräfteverhältnisses befindet sich das bürgerliche Denken in einer tiefen Krise, die insbesondere in der Entwicklung der Philosophie und in der Theologie deutlich wird.

In Frankreich erleben wir seit einigen Jahren, wie nacheinander Bücher erscheinen, die als das Nonplusultra des schöpferischen Denkens angepriesen werden. So auch bei dem Buch Monods.

Die Lektüre der folgenden Texte wird sicher gestatten, eine bescheidenere und ausgeglichenere Einschätzung zu treffen. Die Argumentation Monods stützt sich auf bedeutende Errungenschaften der modernen Naturwissenschaft. Aber sie bleibt Gefangene einer mechanistischen Konzeption. Daher gehört dieses Werk nicht zu den bahnbrechenden. Schuldet es nicht viel einer überholten Philosophie? Monod gibt sich als Feind des dialektischen Denkens. Und einer der bezeichnenden Züge seines Buches ist es, daß er die Einheit von Notwendigkeit und Zufall verkennt. So wird das Phänomen der „Mutation" vom Standpunkt des reinen Zufalls aus interpretiert. Aber es gibt keinen absoluten Zufall, keinen Zufall an sich. Deshalb ist überhaupt eine Wissenschaft möglich. Und es bliebe unverständlich, wie der Forscher die geringste Voraussage treffen könnte, wenn es nicht eine Dialektik von Notwendigem und Zufälligem gäbe. Man kann bezweifeln, daß Monods Opposition zu dieser Dialektik aus seiner wissenschaftlichen Praxis entspringt. Wir meinen vielmehr, daß sie sich aus einer grundlegenden ideologischen Entscheidung ergibt. Aber das verweist auf einen anderen Aspekt des Buches Monods, auf den wir etwas später zurückkommen werden. Es sei hier bemerkt, daß die Kategorie der Wechselwirkung dem Autor fremd zu sein scheint. Wenn es jedoch ein Gebiet der Naturwissenschaften gibt, wo dieser Begriff eine entscheidende Rolle spielt, ist es dann nicht gerade das von der Biologie erforschte? Es sei auch bemerkt, daß der Begriff der qualitativen Veränderung bei Monod keinen Platz hat: für ihn scheint das Auftauchen des Lebens also keine neue qualitative Erscheinung zu sein. Diese Feindseligkeit oder Gleichgültigkeit gegenüber den Kategorien der Dialektik überrascht jedoch weniger, wenn man bedenkt, daß der Autor seinen Standort im Gegensatz zum Marxismus bestimmen will. Das ist unserer Meinung nach die Hauptorientierung des Buches. Und wir können nicht übersehen, daß die große Werbung, die diesem von bürgerlicher Seite zuteil wurde, durch diese Orientierung motiviert wurde.

Die wenigen folgenden Bemerkungen wollen also die Berechtigung der wesentlichen Einwände Monods gegen den Marxismus erörtern.

Unsere erste Bemerkung gilt der Gleichsetzung zwischen *Marxismus* und *Animismus*. Wir stimmen mit Monod in der Ablehnung einer jeden Form von Animismus überein. Wir stimmen auch mit ihm überein, wenn er schreibt, daß „die animistischen Konzeptionen noch tiefe und lebendige Wurzeln in der Seele des modernen Menschen" haben. Aber wie könnten wir ihm folgen, wenn er im Marxismus selbst eine „animistische Projektion" sieht? Monod verwechselt zwei grundsätzlich entgegengesetzte Auffassungen: einerseits jene, die die natürlichen Erscheinungen als Äußerung eines geistigen Prinzips interpretiert, dessen Präsenz der Mensch der Frühgesellschaften in sich selbst zu entdecken glaubt, andererseits die Auffassung, aus der Geschichte der Wissenschaften Lehren zu ziehen – wie z. B. Friedrich Engels in „Ludwig Feuerbach und der Ausgang der klassischen deutschen Philosophie" – und zu erkennen, daß es keinen absoluten Bruch gibt zwischen den unabhängig von unserem Bewußtsein existierenden Gesetzen der Natur und den Gesetzen, die die Bewegung des Denkens bestimmen. Diese Einheit macht es der Wissenschaft möglich, sich als immer genauere Darstellung der Naturprozesse zu konstituieren. Eine solche Konzeption ist das Gegenteil von Anthropozentrismus, eben weil sie die Naturwissenschaften vor den Versuchungen des Idealismus bewahrt. Dieser kann in der Tat, in welcher Form oder Sprache auch immer, die Wissenschaft nicht als etwas verstehen, das auf einen dem Denken äußeren Inhalt wirkt. In dieser Hinsicht ist es nicht der dialektische Materialismus, sondern der Idealismus, der unfähig ist, die Brücken zum alten Animismus abzubrechen, selbst wenn er ihn kritisiert.

Wir verstehen sehr wohl, daß nicht alle Naturforscher den dialektischen Materialismus als Philosophie annehmen. Lenin empfahl den Marxisten, aus jeder ernsten wissenschaftlichen Arbeit ihren Nutzen zu ziehen, unabhängig von der Philosophie ihres Autors. Aber wir können es uns nicht versagen, das Vorgehen Monods als paradox zu betrachten. Er beansprucht, nur dem (von ihm so bezeichneten) „Objektivitätspostulat" zu gehorchen. Nun scheint es in unserer Zeit immer schwieriger, die *objektive* Einheit des materiellen Universums und der denkenden Menschheit zu bezweifeln. Es scheint immer schwieriger, die Entwicklung der Lebewesen (einschließlich unserer Gattung) als ohne Beziehung zum sich entwickelnden Universum zu betrachten. Das hat nichts mit Animismus, Finalismus, Anthropozentrismus zu tun, sondern ist ihnen direkt entgegengesetzt. Wie soll man übrigens verstehen, daß die verschiedenen Naturwissenschaften der Menschheit immer mächtigere Mittel des Einwirkens auf die Umwelt bieten, wenn man wie Monod den Begriff einer grundlegenden Einheit zwischen dem Universum und den Menschen ablehnt?

Leider macht es sich Monod, wie andere vor ihm, mit der marxistischen Auffassung von der Welt und den Menschen etwas leicht. (Und es gäbe auch manches darüber zu sagen, wie er mit Denkern wie Leibniz und Hegel verfährt.) Diejenigen unter seinen Lesern, die das Denken von Marx, Engels und Lenin nicht kennen, können nur eine verarmte und verzerrte Vorstellung erhalten. Es ist einfach falsch zu behaupten, der Marxismus erhebe den Anspruch, ein „vollkommener Spiegel“ zu sein, der die Wirklichkeit „ganz und detailliert“ widerspiegele. Die Klassiker des dialektischen Materialismus behaupten genau das Gegenteil. Für sie ist die Erkenntnis ein unendlicher Prozeß, ebenso wie das Universum selbst unendlich ist; und eben weil dieses Universum als Gegenstand der Wissenschaft unerschöpflich ist, gibt es nicht und wird es nie eine abgeschlossene Erkenntnis geben. Monod ersetzt die marxistische Erkenntnistheorie – als Dialektik von relativer und absoluter Wahrheit, wie sie insbesondere in den philosophischen Texten Lenins entwickelt ist – durch eine mechanistische Metaphysik, die a priori eine Antwort auf alles bereit hält. Wenn Marx nur über die Dialektik, wie sie den Lesern Monods dargestellt wird, verfügt hätte, könnte man sich fragen, wie er die Herausbildung und Entwicklung der kapitalistischen Produktionsweise hätte analysieren können. Man fragt sich auch, wie Lenin mit so einem bescheidenen theoretischen Werkzeug das hätte tun können, wozu jene in seiner Zeit nicht fähig waren, die den Marxismus für überholt hielten. Nun war es Lenin und nicht seine Gegner, der das Wesen des Imperialismus analysierte und seine Entwicklung vorauszusagen in der Lage war. Das führt uns zu unserer zweiten Bemerkung. Sie soll uns helfen zu verstehen, warum Monod mit dem Marxismus so streng ist.

Der naive Leser könnte glauben, Monod gründe seine Konzeption ausschließlich auf die wissenschaftliche Praxis, fern von jeder Ideologie. Monod selbst glaubt vielleicht, daß es so ist. Leider ist nichts falscher. Die Wahrheit ist, daß seine Konzeption von der Erkenntnis keine bahnbrechende ist, vielmehr eine sehr alte. Monod ist ein glänzender Biologe, doch sind wir gezwungen, in ihm einen oberflächlichen Philosophen zu sehen, der leichtfertig mit Begriffen umgeht, die eine lange Geschichte haben.

Monod erhebt gegen den Marxismus den Vorwurf des Subjektivismus. Aber er ist es selbst, der dem Subjektivismus erliegt, wenn er sich auf das Gebiet der Philosophie begibt! Bereits auf der ersten Seite zitiert er einen Absatz aus: „Der Mythos des Sisyphos" von Albert Camus. Es ist bekannt, daß für Camus das rationale Denken keine wirkliche Macht über das Universum ermöglicht. Es bringt mehr oder weniger kohärente Systeme hervor, ist aber unfähig, einen Zugang zum Universum zu geben. Sisyphos symbolisiert diesen ewigen Bruch. Er erklimmt unter großen Mühen den Berg, seinen Felsblock vor sich herschiebend; der Felsblock rollt den Abhang hinab, Sisyphos ist endlos zu immer der gleichen Arbeit verurteilt.

Für Monod, der „die alte animistische Allianz des Menschen mit der Natur" verurteilt, bleibt die Menschheit an der Oberfläche der Welt wie ein fremdes Wesen, das sich in einer „angstvollen Suche in einem von Einsamkeit erstarrten Universum" befindet. Im 19. Jahrhundert freute sich der „szientistische Fortschrittsglaube" über die illusorische Perspektive einer „gewaltigen Entfaltung der Menschheit". Aber nach Monod sind wir darüber hinweg. Vor uns klafft heute „ein Abgrund der Finsternis".

Wie sollte man nicht aus dem letzten Kapitel des Buches – „Das Reich und die Finsternis" – das Echo sehr alter Gedanken heraushören? Man kann nicht umhin, an die angsterfüllte Meditation Martin Luthers über die Niedrigkeit und das Elend des Menschen angesichts der Unendlichkeit Gottes erinnert zu werden. Dieses Thema durchzieht die ganze Geschichte des Protestantismus; man findet es z. B. bei Kierkegaard. Ohne Zweifel war er auf den Bildungsgang Monods nicht ohne Einfluß.

Monods Reflexion über die Wissenschaft ist geprägt von einer überaus klassischen Konzeption der menschlichen Erfahrung, von einem Bild des Menschen als endliches Wesen, das dem unendlichen Wesen – ob es sich nun Gott oder Universum nennt – konfrontiert ist. Die menschlichen Unternehmungen werden, soweit sie auch gehen mögen, die Kluft zwischen Menschheit und Absolutem nicht überwinden können. So verhält es sich auch mit jeder Erkenntnis. Das läuft auf die Aussage hinaus, daß die Menschheit nicht aus eigener Kraft den Kreis ihrer Endlichkeit durchbrechen kann. Jede Philosophie, die an der Vorstellung vom Menschen als einem in eine undurchdringliche, unentzifferbare Welt geworfenen Wesen festhält, ist, ob sie es will oder nicht, zum Subjektivismus verurteilt – zu einem mehr oder weniger agnostischen Subjektivismus.

Bereits die griechischen Skeptiker, die die Empfindungen nicht als Mensch und Universum verbindend betrachten wollten, sahen in ihnen eine Hülle, die den Menschen unerbittlich in sich selbst einschließt und ihm den Ausgang aus sich selbst verwehrt. Viel später wurde Kant durch seine Kritik an Leibniz und Wolff zu seiner berühmten Unterscheidung zwischen Ding an sich und Ding für uns geführt. Gewiß schloß diese Unterscheidung für den Autor der Kritik der reinen Vernunft ein, daß die Wissenschaft sich nicht ohne sinnliche Erfahrung entwickeln kann, diese Erfahrung selbst aber erschien ihm als das Werk eines Subjekts, das nur die „Erscheinungen" zu koordinieren vermag, indem es sich auf die apriorischen Verstandeskategorien stützt. Das erkennende Subjekt ist nach Kant nicht fähig, das An-sich der Welt zu erfassen. Von hier aus bestimmt Kant das Verhältnis zwischen Wissenschaft und Religion.

Wie könnte man übersehen, was Monod mit dieser Geistesströmung und über Kant hinaus mit dem Positivismus verbindet? Seine Reflexion über die Biologie ist auf diese Weise von übernommenen Begriffen geprägt, die er keinerlei Prüfung unterwirft. Er gründet nicht, wie man annehmen könnte, seine „Naturphilosophie" auf seine Praxis als Biologe, sondern sie ist bereits vorhanden, wenn er über seine Tätigkeit als Wissenschaftler nachdenkt.

Es wäre ein leichtes, das an mehreren Punkten des Buches nachzuweisen. Wir wollen uns auf den folgenden Nachweis, dessen Bedeutung man nicht bezweifeln wird, beschränken. Für Monod ist das von Lebewesen gebildete System ein „in sich selbst geschlossenes . . . völlig unfähig, von der äußeren Welt irgendeine Lehre zu empfangen". Die menschliche Gattung entzieht sich nicht diesem ehernen Gesetz.

Es ist nicht erstaunlich, daß Monod ohne zu zögern die „Grundkategorien der menschlichen Erkenntnis" für angeboren hält. Der Autor nimmt entschieden gegen den radikalen Empirismus, den einst Descartes und Kant bekämpften, Stellung. Der Empirismus habe, wie Monod meint, zu Unrecht „jede Hypothese, die die ‚Angeborenheit' der Erkenntnisbedingungen voraussetzte", verdächtigt.

Es ist Aufgabe der Biologen, festzustellen, ob das Lebewesen sich nach einem von vornherein gegebenen Programm entwikkelt und ob dieser Prozeß jede Wechselwirkung zwischen Lebewesen und Umwelt ausschließt. Aber wie könnte sich in unseren Tagen ein wissenschaftliches Denken, wenn es um die Menschheit geht, mit den Interpretationen Monods begnügen? Dieser scheint den entscheidenden Beitrag des historischen Materialismus, der das menschliche Wesen als Ensemble der gesellschaftlichen Verhältnisse definiert (6. Feuerbachthese), nicht zur Kenntnis nehmen zu wollen. So wenig wie die Chemie gestern oder die Mechanik vorgestern kann die Biologie heute das Studium der spezifischen Gesetze der Geschichte der Menschheit als Dialektik von Produktivkräften und Produktionsverhältnissen ersetzen. Würde Monod diesen Weg beschreiten, wäre er gewiß weniger geneigt, den Begriff der genetischen Vererbung auf die Geschichte der Gesellschaft, ja selbst auf die der Individuen zu übertragen.

Unsere dritte Bemerkung ist die logische Folge der vorangegangenen. Sie betrifft die Schlußfolgerung des Buches Monods und will nachweisen, daß diese nicht die wegweisende Bedeutung hat, die der Autor ihr zusprechen möchte.

Im Namen des „Objektivitätspostulats", das der Erkenntnis zugrunde liege, schreibt Monod ohne Bedenken: „. . . die Ethik, in ihrem Wesen *nicht objektiv,* ist für alle Zeit vom Felde der Erkenntnis ausgeschlossen." Wahr ist, daß *Erkennen* eins ist, *Handeln* ein anderes. Wahr ist, daß ein Naturgesetz oder ein Gesetz gesellschaftlicher Entwicklung eins ist und ein Werturteil über dieses oder jenes menschliche Verhalten ein anderes. Aber kann man Monod folgen, wenn er uns im Namen der Wissenschaft auffordert, die Ethik in reinen Subjektivitätsbegriffen zu behandeln?

Bevor wir weitergehen, sei bemerkt, daß Monod sich für eine „Erkenntnisethik" ausspricht. Darunter versteht er, daß zwar die Wissenschaft, für sich selbst genommen, keinerlei Werturteil enthält, die Erkenntnis jedoch sich an ihrem Ausgang auf „die ethische Wahl eines ursprünglichen Wertes" gründet. Und dieser ursprüngliche Wert ist eben das „Objektivitätspostulat", das ursprünglich als Bedingung „wahrer Erkenntnis" gesetzt wird. Aber versteht sich das von selbst? Entgegen der Behauptung Monods ist es nicht eine rein subjektive Wahl, die der wissenschaftlichen Erkenntnis ihren Objektivitätsstatus gibt. Der Begriff der Objektivität ist eine alte, mühevolle Errungenschaft, die eine sehr hohe Stufe von Erfahrungsschlüssen voraussetzt. Wenn der Wissenschaftler heute seine Arbeit auf ein „Objektivitätspostulat" gründet, so ist dieses wie jedes Postulat das Produkt einer langen Geschichte, der Geschichte der *praktischen* Beziehungen zwischen Menschheit und Universum.

So wichtig dieser Aspekt auch ist, nicht ihm soll unsere wesentliche Kritik gelten. Wir sagten weiter oben, daß Monod Ethik und Erkenntnis einander entgegensetzt und daraus schließt, daß das Wesen der moralischen Urteile ausdrücklich „nicht objektiv" sei. Die Konsequenz versteht sich von selbst: Vergebens wird man für die ethischen Urteile und die Regeln des gesellschaftlichen und individuellen Lebens eine wissenschaftliche Grundlage suchen. Es ist dann aber nicht einsichtig, warum die Möglichkeit der „freien Wahl", die Monod als Biologen zum Entwurf einer Erkenntnisethik führt, nicht auch zu einer völlig anderen Wahl führen könnte. Nun meinen wir, daß eine der größten Errungenschaften des historischen Materialismus darin besteht, eine rationale Analyse der ethischen Urteile und der moralischen Verhaltensweisen möglich zu machen, indem er ihren Platz in der Gesamtheit der gesellschaftlichen Praxis feststellt und insbesondere erkennt, welche Beziehungen über mehr oder weniger komplexe und mehr oder weniger deutlich erscheinende Vermittlungen diese Urteile und Verhaltensweisen mit der Dialektik der Klassenkämpfe verbinden. Es handelt sich hier um ein Gebiet, das sich keineswegs den Methoden wissenschaftlicher Forschung entzieht. Deshalb kann sich der revolutionäre Arbeiter ein klares und deutliches Bewußtsein der Ziele seiner Handlungen erwerben, wenn der Kampf des Proletariats für die Veränderung der materiellen Grundlagen der Gesellschaft von einer wissenschaftlichen Vorstellung von der Geschichte durchdrungen ist. Durch diese zugleich wissenschaftliche und revolutionäre Tat entwickelt sich der Typ eines neuen Menschen und eine neue *Ethik*. Und diese schließt die objektive Erkenntnis der Motivationen, die der „freien Wahl" der Werte und Verhaltensweisen vorausgeht, nicht aus, sondern setzt sie voraus. Ist der Mensch der kommunistischen Gesellschaft, wie ihn Lenin in „Staat und Revolution" beschreibt, nicht derjenige, in dem in gewisser Weise das Objektive und das Subjektive sich gegenseitig durchdringen?

Der wahre Sinn der Thesen Monods über die Erkenntnis und das Handeln wird jedoch auf den letzten Seiten des Buches deutlich, wenn er kategorisch den wissenschaftlichen Sozialismus ablehnt. In der Tat begeht dieser das Unrecht zu behaupten, es sei möglich, die revolutionäre Aktion auf die Erkenntnis der historischen Gesetze zu gründen. Für Monod könnte man einen „wahren Sozialismus" nur aufbauen, wenn man auf den „historischen Materialismus" verzichtete, der wie wir sahen, für unseren Autor nichts anderes ist als ein Wiederaufleben des alten Animismus. Dieser „wahre Sozialismus", ohne Hand und Fuß, blind, vermag gewiß die Verteidiger des Kapitalismus in Frankreich und anderswo zu erfreuen. Und ohne Zweifel vermag die Konzeption Monods auch eine Zeitlang für jene seiner Leser verführerisch zu sein, die tatsächlich zum Sozialismus streben, aber noch nicht verstanden haben, daß eine radikale Veränderung der Gesellschaft eine genaue Kenntnis ihrer Gesetze voraussetzt.

Nach Monod ist der Sozialismus nicht eine notwendige Etappe in der Geschichte der Gesellschaften. Aus einer solchen Sicht gibt es auch keinen Anlaß, die Widersprüche der kapitalistischen Produktionsweise zu analysieren und die Aktion der revolutionären Kräfte im Lichte dieser Analyse zu organisieren. Für unseren Autor ist der Sozialismus nichts anderes als eine ethische Forderung, ein Imperativ des moralischen Bewußtseins. Man weiß, daß Kant in der „Kritik der reinen Vernunft" zwischen Verstandesbegriffen und Vernunftideen unterscheidet. Funktion der Begriffe ist es, die sinnliche Erfahrung zu ordnen; sie brauchen also einen Inhalt, um ihre Rolle spielen zu können. Aber die Vernunftideen können nie aus der Erfahrung einen Inhalt erhalten. Sie bleiben immer am Horizont unseres Verstandes, dessen Fortschreiten sie fördern; sie können jedoch nicht Gestalt annehmen. Es scheint uns, daß Monod um so lieber sich über das „sozialistische Ideal" ausläßt, als dieses ein Ideal bleibt...

Es ist belustigend zu sehen, wie Monod mit Eifer längst offenstehende Türen einrennt. Denn die These, die er verteidigt, ist wahrhaftig nicht neu. Handelt es sich nicht – abgesehen von Formdetails – letztlich um eine Wiederaufnahme der Thesen, die Lenin in den ersten Jahren unseres Jahrhunderts bekämpfte?

Es sei daran erinnert, daß die Marburger Schule (und insbesondere H. Cohen) den Sozialismus als Ausdruck der praktischen Vernunft Kants verstanden wissen wollte. In seinem Artikel „Marxismus und Revisionismus", im April 1908 geschrieben, geißelte Lenin den „Revisionismus", der sich von den Neukantianern ins Schlepptau nehmen ließ. Er zeigte, wie ein Bernstein schließlich in der Konsequenz die Theorie des Klassenkampfes selbst in Frage stellte. Bernstein wie Conrad Schmidt u. a. empfahlen eine „Rückkehr zu Kant". Ein wenig später unterzog Lenin in „Materialismus und Empiriokritizismus" die verschiedenen Richtungen des philosophischen Idealismus, die nach den Ereignissen von 1905 in Rußland sich bemühten, innerhalb der Arbeiterbewegung und der revolutionären Partei die Nachfolge des dialektischen und historischen Materialismus anzutreten, einer radikalen Kritik. Es sei uns hier gestattet, auf eine aufmerksame Lektüre der Texte Lenins zu verweisen (und auch der Texte Plechanows, der in den Jahren 1908–1912 den Empiriokritizismus einer Kritik unterzog).

Was den Kern betrifft, so waren die von Lenin bekämpften Ideologen in völliger theoretischer Verwirrung. Mit dem Anspruch, den Marxismus zu revidieren, ihn auf die Höhe der zeitgenössischen Wissenschaft zu heben, beraubten sie ihn seiner Substanz. So glaubten sie ihrer *praktischen* Kapitulation eine Rechtfertigung geben zu können. Die Zukunft der internationalen revolutionären Bewegung konnte also nur gesichert werden, wenn sie mit Hilfe Lenins ihre wirkliche theoretische Grundlage wiederfand.

Monod allerdings schreibt, daß „die einzige Hoffnung des Sozialismus" von nun an nicht in einer „Revision der Ideologie", die ihn seit einem Jahrhundert beherrscht, sondern „im völligen Aufgeben dieser Ideologie" läge. Im Grunde gingen die von Lenin kritisierten Revisionisten nicht weit genug! Monod ergänzt ihre umfangreichen Versuche. Soll man dies als Kühnheit bezeichnen?

Es ist allerdings fragwürdig, ob eine solche Interpretation des Sozialismus den Erfolg ernten wird, den Monod wünscht. Sicher konnte man in der letzten Periode in Frankreich und mehr noch in anderen kapitalistischen Ländern beobachten, wie bestimmte Schichten des Klein- und Mittelbürgertums in der Utopie einen Ausweg aus der immer schwierigeren Situation suchen, die ihnen von der Monopolbourgeoisie aufgezwungen wird. Die Revolte gegen diese Situation führt sie dazu, den Kapitalismus in Frage zu stellen. Aber während sich das revolutionäre Proletariat mit klarem Blick auf die Widersprüche des in der Krise befindlichen Kapitalismus stützt, um seine Aktion zu entwickeln und um alle sozialen Kräfte, die seine Bündnispartner sein können, mit einzubeziehen, gleitet der kleinbürgerliche Protest in die Utopie ab. Das liegt an der Ohnmacht dieser Schichten, die so lange währen wird, als sie nicht bereit sind, ihre Aktionen mit der des Proletariats zu verbinden. So lange wird das „Ideal" abstrakt der Wirklichkeit entgegengesetzt. Aber mit wachsender Erfahrung lernen die sozialen Schichten, die zunächst der Verführung solcher Konzeptionen erliegen, von der revolutionären Vorhut. So finden sie ihren wahren Platz im Kampf für die wirksame Veränderung der Gesellschaft.

Deshalb bilden in Wirklichkeit jene die Nachhut, die wie Monod glauben, kühn der Zeit vorauszugehen, indem sie erklären, daß heute der historische Materialismus überholt sei und daß ein wirklicher Sozialismus gut und gerne auf eine wissenschaftliche Konzeption von der Bewegung der Gesellschaft verzichten könne. Sicher ernten sie den Beifall der Verteidiger der alten Welt. Das genügt jedoch nicht, das Rad der Geschichte aufzuhalten.

Jacques Milhau

Zum Buch Jacques Monods „Zufall und Notwendigkeit“

Ein Wissenschaftler von Weltruf, Nobelpreisträger für Physiologie und Medizin 1965, hervorragender Forscher auf dem Gebiet der Zellularbiologie, legt uns einen „naturphilosophischen Versuch moderner Biologie“ vor. Das ist Grund genug, seinen nüchternen und kohärenten Betrachtungen, die vom Bemühen um eine strenge Beweisführung und vom Mißtrauen gegenüber jeder Extrapolation des bekannten Wissens (das er sicher beherrscht) zeugen, größte Aufmerksamkeit zu widmen.

Wir haben es hier nicht mit diesen prinzipiellen Verächtern jeder Philosophie, mit diesen kurzsichtigen Positivisten zu tun, die sich in den Faktenempirismus vertiefen, denen die Übertragung in mathematische Formeln genügt, um fasziniert zu sein, und die die Theorie auf das niedrigste Niveau drücken, ob ihre Probleme allgemeiner oder besonderer Art sind.

Es geschieht in der Tat nicht sehr häufig, daß ein Wissenschaftler bemüht ist, auf höchstem Niveau und bestens informiert die Fragen der Notwendigkeit und des Zufalls, der Invarianz und der Veränderung, der Genesis oder der Grenzen des Wissens neu zu durchdenken; daß er, von der Biologie und ihren Konsequenzen ausgehend, „aufrichtig versucht, die Quintessenz der Molekulartheorie des Codes zu ziehen“. Hier spricht ein Wissenschaftler eine neue Sprache. Er will, wie er selbst sagt, seine Disziplin im Zusammenhang mit der Gesamtheit der modernen Kultur reflektieren, um diese durch technische Erkenntnisse, aber auch signifikante Ideen zu bereichern. Er bestätigt somit die nach wie vor gültige Forderung einer logischen Fortsetzung der wissenschaftlichen Forschung durch philosophische Arbeit, von der Lenin bereits 1922 sprach, als er die Fragen erkannte, die die Revolution der Naturwissenschaften immer mehr stellt.

„Die Naturwissenschaft“, sagte er, „entwickelt sich mit solcher Geschwindigkeit, durchschreitet eine Periode so tiefer revolutionärer Umwälzungen auf allen Gebieten, daß sie keinesfalls auf die philosophischen Schlußfolgerungen verzichten kann“ (des streitbaren Materialismus).

So läßt das Interesse während der Lektüre des vorliegenden Buches keinen Augenblick nach. Es behandelt alle grundsätzlichen Probleme, die sich aus den Erkenntnissen der Forschung der letzten zwanzig Jahre über die Phänomene des Lebens ergeben. Es gelangt zu dem Schluß – nach Meinung des Autors mit größter Strenge –, daß die menschliche Gattung radikal kontingent ist und daß – in nicht geringerem Maße – die Mechanismen, die die Abfolge der menschlichen Generationen (wie die jeder anderen Gattung) beherrschen, von absoluter Notwendigkeit sind.

Kein Kapitel, das nicht das heutige Wissen klar und genau zusammenfaßt, eine Fülle von Ideen und Fragen, deren Diskussion die Beteiligung aller Spezialisten erfordert. Insofern gibt ein Buch dieser Art der philosophischen Arbeit eine solide, fruchtbare und anspruchsvolle Grundlage, die sich grundlegend von allen traditionellen Spekulationen und voreiligen flüchtigen Verallgemeinerungen unterscheidet.

Das bisher Gesagte genügt allerdings nicht, die ganze Tragweite der spektakulären Werbung zu verstehen, deren Gegenstand dieses Buch war. Interview mit dem Autor in den Abendnachrichten des Fernsehens drei Tage vor dem Erscheinen im Buchhandel, Rezension an hervorragender Stelle in „Le Monde“, Fernsehsendung in der Serie „volume“, all das unterscheidet sich ein wenig von den sonst üblichen Besprechungen eines wissenschaftlichen Werkes, um so mehr, wenn man bedenkt, daß es sich auch um ein polemisches Buch handelt. Gewiß greift es viele philosophische und religiöse Doktrinen an; aber es räumt einen privilegierten Platz all dem ein, was der Autor „die animistische Projektion des dialektischen Materialismus“ und „sein erkenntnistheoretisches Scheitern“ nennt. Diese strenge Kritik der (von den Kommunisten, nicht von den Marxologen praktizierten) marxistischen Philosophie ist übrigens von einer Verdächtigung des historischen Materialismus begleitet, allerdings ohne daß der Autor lange bei diesem Punkt verweilt.

Wir werden uns unsererseits nicht lange bei den Schlußfolgerungen des Buches aufhalten, die durch erbitterte Angriffe gegen den Sozialismus der Gegenwart charakterisiert sind.

Die Antworten auf diese Fragen werden im passenden Augenblick dem Gebrauch des Werkes durch jene entsprechen müssen, die aus ihm eine Waffe – ob Professor Monod diese Gefahr bedacht hat oder nicht – gegen die Ideen des Kommunismus und der in seinem Namen geführten Aktion zu finden glauben werden.

Bleiben wir beim Wesentlichen, das heißt bei der Frage, ob der Marxismus wirklich eine Theorie ist, die im Widerspruch zu den Wissenschaften steht (wie der Leser zu denken aufgefordert wird, und das nach einem Urteil, das keinen Einspruch dulden will). Wie soll man darauf die Art und Weise interpretieren, in der das Buch im Fernsehen vorgestellt und diskutiert wurde? Gewiß ist völlig zu verstehen, daß das Streitgespräch mit dem Autor zum Teil in Anwesenheit des christlichen Personalisten J.-M. Domenach stattfand, da das religiöse Denken unmittelbar in Frage gestellt wurde, und zwar auf eine Weise, deren Kern und Ton wir unsererseits bejahen. Wenn man aber nur einen weiteren Teilnehmer einladen wollte, warum wandte man sich an einen Philosophen, dessen Kompetenz zwar niemand in Frage stellt, den aber als Nichtkommunisten die Kritik des Marxismus und die Reaktion auf sie seitens der kommunistischen Intellektuellen und ihrer Partei wenig berühren konnte?

Die Karten sind gezinkt! Die Fernsehzuschauer konnten übrigens bemerken, wie prompt der Gesprächsteilnehmer François Châtelet mit Jacques Monod in der Kritik der Philosophie von Marx, Engels und Lenin und der sozialistischen Länder übereinstimmte und den Dialektikbegriff von sich wies, ohne den kein grundsätzlicher theoretischer Kern des Marxismus denkbar ist.

So wurde die Wirkung, die dieses Buch mehr aus ideologischen als aus wissenschaftlichen und philosophischen Gründen hat, noch verstärkt durch die faktische Abwesenheit derer, mit denen das echte Streitgespräch, das von Jacques Monod initiiert wurde, im gemeinsamen Bemühen um Wahrheit und Objektivität gegenüber Lesern und Zuschauern hätte geführt werden müssen.

Es wird auch niemand bestreiten, daß der Inhalt dieses Essays und der besondere Stil, der gewählt wurde, um Anklang zu finden – was an sich legitim ist, wenn es darum geht, eine große Leserschaft mit den wirklichen Problemen der gegenwärtigen Forschung vertraut zu machen –, einige Fragen hinsichtlich der Methode der philosophisch-wissenschaftlichen Diskussion aufwirft. Man mag zunächst darüber verwundert sein, daß Professor Monod sich auf eine so persönliche Interpretation des Marxismus beschränkt und nicht das Gespräch mit seinen marxistischen und kommunistischen Kollegen sucht. Er weiß, daß bei allen verständlichen theoretischen Divergenzen dieses Gespräch wenigstens teilweise Berichtigungen notwendig machen würde, und zwar allein auf der Grundlage der strikten theoretischen und wissenschaftlichen Objektivität. Die Diskussion wäre auf jeden Fall fruchtbar. Sie würde ihm, der nicht Marxist ist, erlauben, die Art der Beziehung genauer zu erfassen, die der dialektische Materialismus mit den Wissenschaften und insbesondere der Biologie unterhält. Aber es ist nicht zu spät, niemals zu spät!

Man erkennt, daß es hier nicht unsere Absicht ist, in aller Eile über dieses Buch zu sprechen oder ihm frontale, schneidende und zerschmetternde Antworten entgegenzuschleudern. Wir wollen auch nicht jetzt sofort alle die Fragen stellen, die sich für uns nach der Lektüre ergeben, weil wir als Leninisten die schwierige Erarbeitung der philosophischen Schlußfolgerungen, die die wissenschaftliche Arbeit erfordert, ernst nehmen.

Aber hier und da muß man sich dessen bewußt werden. Es gibt kommunistische Forscher (Physiker, die Experten der Kristallographie sind, Chemiker und Biologen, Psycho-Physiologen), deren Kompetenz Beachtung verdient und die Konfrontation rechtfertigt; es gibt marxistische und kommunistische Philosophen, denen die uns gemeinsamen offenen Probleme so wenig wie neue Erkenntnisse gleichgültig sind und die ihre Pflicht darin sehen, auf die eine oder andere Weise ihren Beitrag zu leisten. Wir haben zu viele Erfahrungen, als daß wir über die ideologischen Ränke des herrschenden Denkens besonders erschüttert wären. In bereits klassischer Weise erleben wir dies jährlich oder halbjährlich seitens der Kritiker am Marxismus, woher sie auch kommen und was auch ihre Absichten sein mögen. Da wir jedoch ebenso wie Jacques Monod persönlich großen Wert auf Bescheidenheit wie auf Strenge des begründeten

Urteils legen, da wir anspruchsvoll genug sind, nicht passiv die theoretischen (und nicht nur ideologischen) Folgen zu erdulden, die sich aus einer Kritik ergeben, die keinen Widerspruch zu dulden scheint, erwarten wir mehr als die Unkenntnis der Positionen; dies um so mehr, als in unserer Zeit vom Marxismus als von einer Religion oder einem Animismus zu sprechen, selbst dann falsch klingt, wenn man den dialektischen Materialismus – weil man ihn nicht kennt und ihn daher falsch einschätzt – in Frage stellt. Die Wege dürfen nicht nebeneinander verlaufen. Beim Fehlen einer wünschenswerten Diskussion, die eventuell zu einer gemeinsamen Arbeit führen könnte, wird es jedoch auf keinen Fall an einer Kritik mangeln, die die von der „Naturphilosophie der modernen Biologie“ objektiv gestellten Fragen immer besser zu fassen möglich machen wird.

Jacques Milhau

Der dialektische Materialismus und die Wissenschaften

Die folgende Untersuchung des Buches Jacques Monods „Zufall und Notwendigkeit" beschäftigt sich mit dem Angriff auf die marxistische Philosophie, die angeklagt wird, in neuer Form die traditionelle animistische Allianz zwischen Mensch und Natur auszudrücken. Die Konsequenz wäre ein „erkenntnistheoretisches Desaster", das durch eine Religion der Geschichte ergänzt werde.

Wie verhält es sich nun mit diesen Vorwürfen?

1. Vorwurf: Marx und Engels hätten „auf den Gesetzen der Natur selbst das Gebäude ihrer Gesellschaftslehre gründen" wollen. Zu diesem Zweck hätten sie die spekulative Dialektik Hegels umgestülpt und in die Natur projiziert, jedoch ohne sie zu verändern und jede Objektivität mißachtend.

2. Vorwurf: Der in acht Punkten zusammengefaßte dialektische Materialismus sei eine totalisierende Entwicklungslehre der Natur nach dialektischen Gesetzen, die als Prinzipien dienten, um alle Gesetze der Welt ableiten, erklären und rechtfertigen zu können.

3. Vorwurf: Die Erkenntnis als Widerspiegelung (Lehre des vollkommenen Spiegels) vergegenwärtige dem Bewußtsein durch die Wechselwirkung zwischen Mensch und Natur die totale Ganzheit der Strukturen und der Bewegung der Materie, ohne irgendeine Auswahl noch eine intellektuelle Kritik.

4. Vorwurf: Eine fragwürdige Theorie des dialektischen Widerspruchs führe zu einer subjektiven Auffassung der Natur, die von der Idee eines aufsteigenden, konstruktiven und schöpferischen Entwurfs, kurz von einem anthropozentrischen Finalismus beherrscht wird.

Wir hoffen, daß diese kurze Zusammenfassung die Überzeugungen von Jacques Monod einigermaßen getreu wiedergibt, und können nicht umhin, seiner Interpretation des dialektischen Materialismus und der Grundgedanken von Engels, den er besonders angreift, zu widersprechen. So scheint uns eine Klarstellung der Ausgangspunkt für jede echte und fruchtbare Diskussion über die Wissenschaftlichkeit der marxistischen Philosophie zu sein,

Zu 1.: Als Erben einer großen materialistischen Tradition, die sich auf die Naturwissenschaften stützte, haben Marx und Engels keineswegs für ihre ökonomischen und gesellschaftlichen Theorien eine Rechtfertigung a posteriori gesucht. Wie sie selbst betonten, haben sie im Gegenteil den Materialismus auf die Geschichte ausgedehnt und angewandt, ihre Prämissen waren bereits seit 1848 „die lebendigen menschlichen Wesen", die „durch ihre körperliche Struktur und durch die Beziehungen, die diese mit dem Rest der Natur schafft" zur direkten Produktion ihrer Existenzbedingungen und zur indirekten ihres materiellen Lebens selbst prädisponiert sind. Der „Anti-Dühring" und die „Dialektik der Natur" waren später eine Vertiefung und Aktualisierung (die den wissenschaftlichen Entdeckungen ihres Jahrhunderts entsprachen) des Materialismus; dessen dialektischer Charakter war von dem Moment an bestätigt, da man den objektiven und praktischen Zusammenhang der gesellschaftlichen Verhältnisse und des produktiven Lebens der menschlichen Gattung als letztes Kettenglied der biologischen Entwicklung zunächst vermuten und dann studieren konnte.

Hegel konnte also nicht wie ein Handschuh umgestülpt werden. Die aktuellen Diskussionen unter Marxisten darüber, was man tatsächlich geerbt hat, tendieren dahin, die Auswirkungen der Verschiebung der Dialektik von der philosophischen Spekulation zum konkreten Studium der Wirklichkeit zu bestimmen. Ihre Kategorien, Gesetze und Funktionen haben sich so verändert, daß die Dialektik nicht mehr ein universeller Kanon ist, sondern „die besondere Logik des besonderen Gegenstandes". Die Verallgemeinerung ihrer Grundgesetze, zu der Hegel bereits von den Wissenschaften seiner Zeit angeregt worden war (ohne sich immer dessen bewußt zu sein), bliebe unbestimmt und steril, wenn sie nicht auf jedem Gebiet der Forschung differenziert und spezifiziert, entsprechend den Problemen der Erkenntnis bereichert und umstrukturiert, in provisorische Systeme reorganisiert würden – und das nicht ohne Lücken an den Wendepunkten der hauptsächlichen Wissenschaften.

Zu 2.: Der dialektische Materialismus ist also weder „eine totalisierende Lehre“ noch ein System der Natur. Er ist nicht eine Art Architektonik, die als Ergänzung eine strenge und einförmige Notwendigkeit „der Entwicklung des Universums“ sowie die vorgefaßte Finalität „der zugleich erklärenden und normativen Ontogenien“ implizieren würde, die „nach einem immanenten, notwendigen und günstigen Plan“ linear abrollen. Die „kolossale Stoff- und Bewegungsvergeudung der Natur“[1] erkennend, war Engels der erste, der die schwierige Untersuchung der Beziehungen zwischen Notwendigkeit und Zufall auf die Ebene der wissenschaftlichen Forschung gestellt hat, jenseits von jedem abstrakten Notwendigkeits- oder Zufälligkeitskult.

„*Systematik* nach Hegel unmöglich“, schrieb er. „Daß die Welt ein einheitliches System, d. h. ein zusammenhängendes Ganzes vorstellt, ist klar, aber die Erkenntnis dieses Systems setzt die Erkenntnis der *ganzen* Natur und Geschichte voraus, die die Menschen *nie* erreichen.“[2] Wichtiger als einige mechanistische Entgleisungen seines Denkens (die man übrigens nur in für ein unvollendetes Werk verfaßten Notizen findet) oder als einige Schlußfolgerungen, deren Grenzen sich aus dem Entwicklungsstand der Wissenschaften erklären (sie waren nicht auf dem Niveau der gegenwärtigen Forschung der Mikroobjekte), sind die Grundgedanken von Engels, insbesondere das geniale Projekt einer Physiographie als einer erklärenden Beschreibung der wissenschaftlich erkannten Eigenschaften der Natur und aller ihrer Bewegungsformen.[3]

Eine solche objektive Dialektik, die nicht nach abstrakten Prinzipien erarbeitet wird, sondern von den allgemeinen Ergebnissen der Wissenschaften ausgeht, muß mit jeder Revolution der Form oder des Inhalts des Wissens zutiefst umgewandelt werden. Sie vermeidet so jeden Dogmatismus, jede subjektive Projektion ebenso wie den ungerechtfertigten Zweifel an der Objektivität und Erkennbarkeit der Naturgesetze, die unter Ausnutzung zeitweiliger Hindernisse und Sackgassen im Fortschreiten der Wissenschaften vorgebracht werden.

Zu 3.: Man darf also die dialektische Theorie der Widerspiegelung nicht mißverstehen. Sie bedeutet in der Tat streng und ausschließlich nur folgendes (gegen das Monod kaum etwas einzuwenden haben dürfte): Als mit einem höheren Nervensystem ausgestattete natürliche Wesen haben die Menschen, die in Gesellschaft leben, die Fähigkeit, in immer reicheren und komplexeren Formen des Denkens die Eigenschaften der Welt auszudrücken, von der sie ein Teil sind, die sie im Laufe einer gesellschaftlichen Praxis entdecken und deren Erkenntnis sie mittels der wissenschaftlichen Praxis erarbeiten, ohne jemals ihre Wirklichkeit erschöpfen noch ihr eine Erkennbarkeit aufzwingen zu können, die ihr fremd wäre. Es gibt keine Widerspiegelung ohne Widergespiegeltes, das ist die materialistische und objektive Stellung zum Verhältnis zwischen Sein und Denken in der Existenz und in der Erkenntnis.

Was den Inhalt betrifft, impliziert diese These keineswegs eine unmittelbare, integrale und makellose Widerspiegelung der Wirklichkeit. Es gibt keine Identität, sondern nur eine Analogie zwischen den Naturprozessen und denen des Denkens: Die Ähnlichkeit besteht in der objektiven Wirklichkeit, die unabhängig ist vom Bewußtsein, das wir von ihr haben, die Differenz betrifft den spezifischen Charakter ihrer entsprechenden Entwicklungsgesetze. Bereits vor Lenin stellt Engels fest, daß der Mensch selbst sein Bewußtsein schaffen muß.[4] Er kritisierte den bornierten Empirismus zahlreicher Wissenschaftler, gegen die die Philosophie „sich posthum rächt".[5] In der Tat benötigt die moderne Wissenschaft die Theorie als eine nicht angeborene Kunst, mit Begriffen zu operieren!

Die Entdeckung tiefer und komplexer Eigenschaften der Wirklichkeit erfordert eine Ausarbeitung von Begriffen, die um so notwendiger ist, als sie oft zur Grundlage des theoretischen Gebäudes einer Wissenschaft werden. Weil er sich dessen bewußt war, vermied Engels, darin von seinem Freund, dem Chemiker Schorlemmer, bestätigt, jede voreilige Schlußfolgerung über die Dialektik des lebenden Organismus, solange die Biochemie in den Kinderschuhen steckte.

Später betonte Langevin die Bedeutung der paradoxen Begriffe, von denen eine Wissenschaft lebt, und ahnte die Rekonstruktion der theoretischen Physik, nicht mehr auf den Gesetzen der Mechanik, sondern auf denen der modernen Atomistik, voraus. Die Geschichte gab ihm recht, so wie sie heute die Bemühungen der Biochemiker würdigt, die die partiellen Bestätigungen, die der Paläontologie und der Embryologie zu verdanken sind, überschreiten und kraft ihrer geistigen und experimentellen Fähigkeiten „die Molekulartheorie des genetischen Codes" aufstellen. Die wissenschaftliche Erkenntnis ist mittelbar, selektiv, sie schafft bisher unbekannte begriffliche Unterscheidungen, die bereits von Engels signalisiert wurden. In ihrem zunehmenden Komplexitätsgrad ist die wissenschaftliche Erkenntnis untrennbar mit der vertieften praktischen Beziehung zur Wirklichkeit verbunden; dies ist ein besonderes Merkmal echter Wissenschaftlichkeit.

Zu 4.: Schließlich wäre der Widerspruch nichts als ein Wort, wenn man nicht Gebiet für Gebiet die widersprüchlichen internen und externen Beziehungen der Gegenstände des Wissens ebenso wie ihrer Entwicklung und ihrer Wirkungen auf den Begriff bringen würde. Das ist möglich durch das theoretische Durchdenken der wissenschaftlichen Begriffe, mit denen wir sie erkennen. Und wenn es, wie Engels schreibt, wahr ist, daß ohne die Existenz der Bewegung von keinem Körper etwas ausgesagt werden könnte, so obliegt es wiederum der Physiographie, konkret zu beweisen, daß die Materie und ihre Existenzweise, die unzerstörbare Bewegung, ihren eigenen Seinsgrund haben. Hierzu kommt es darauf an, und zwar mit der Vorsicht, die wegen unserer mangelhaften Kenntnisse über so große Probleme wie Ursprung des Lebens und des Menschen geboten ist, die Art und Weise des Umschlags von Quantität in Qualität zu bestimmen.

Denn das Ineinanderübergehen der verschiedenen Bewegungsformen, die Abfolge immer komplexerer materieller Formen, von denen jede die vorangegangenen voraussetzt, sind wissenschaftlich festgestellte, wenn auch nicht immer erklärte Tatsachen.

Sie bedürfen unserer Forschungen, ohne daß davon die Rede sein kann, deren letzte Ergebnisse über die Existenz der menschlichen Gattung, die eines Tages wie jede Sache zum Verschwinden verurteilt ist, zu verewigen oder zu sakralisieren. Ohne Zweifel wird diese Menschheit jedoch zuvor die objektive Erkenntnis, die Monod so hochschätzt, noch sehr weit voranbringen und auch noch einige andere lohnende Aufgaben lösen!

Diese Randbemerkungen verlangen gewiß weitere Ausführungen. Wünschen wir, daß sie uns ein Stück auf dem Weg der Konfrontation voranbringen, die für eine tiefere und objektive Untersuchung der Beziehungen zwischen den Wissenschaften und dem dialektischen Materialismus erforderlich ist.

Jacques Milhau

Eine Ethik der Wissenschaft

Aus der bestimmenden Rolle des Zufalls, die ihm seine Lesart der Ergebnisse der molekularen Biochemie nahelegt, schließt Jacques Monod in einem ersten Schritt, daß man aus der objektiven Erkenntnis auf keinerlei ethischen Wert folgern kann und daß ihre Ergebnisse die imaginären Welten zerstört haben, die sich der Mensch aufgebaut hatte, um seine Einheit mit der Natur zu konstatieren. Die gegenwärtige Zivilisationskrise scheint ihm das unwiderrufliche Scheitern eines jeden moralischen, gesellschaftlichen und politischen Systems zu bestätigen, das auf einer Geschichte des Kosmos, der Menschheit oder eines Volkes gegründet ist. Der Mensch kann sich nicht mehr an eine Absicht des Universums klammern, die ihm den Glauben an sein Schicksal diktieren und ihm irgend etwas aufzwingen würde; er muß auf die mythischen und philosophischen Ontogenien ebenso wie auf die religiösen Ideen verzichten, auf die man bisher die Wissenschaft und das Handeln stützte. Er ist absoluten Ungewißheiten unterworfen, ohne irgendeine Möglichkeit, in einem Vorstellungssystem, das seinem Leben einen eindeutigen Sinn und seinen Taten einen moralisch notwendigen Zweck geben würde, Halt zu finden. Die menschliche Gattung lebt in ihrer Zweckgerichtetheit, der Frucht einer ursprünglich zufälligen Existenz, am Rande einer Welt, die nicht auf sie gewartet hat und die ohne erreichbare Grenzen ist. Von jedem Privileg entblößt, kann sie nur versuchen, durch ihren wissenschaftlichen Entwurf das Universum und ihre eigene Existenz zu erklären, ohne diese zu verstehen, ohne sie rechtfertigen, ohne sie aus irgendeinem Prinzip ableiten und ohne selbst rückblickend eine irgendwie geartete Vorhersehbarkeit bejahen zu können.

Wiederholt hier nicht der Wissenschaftler in neuer Sprache, aber mit der gleichen puritanischen Strenge eines latenten Protestantismus, das religiöse Thema der grundsätzlichen Unerkennbarkeit unserer Existenz, deren unerbittliche Wahrheit infolge der nunmehr manifest gewordenen Verspottung des Glaubens noch deutlicher geworden ist?

Dennoch bleibt die Ethik, heißt es dann, sehr wohl gegenwärtig: nicht von der Wissenschaft ausgehend, doch an ihrem Anfang stehend. Wie jede lebende Gattung von Entwürfen beseelt, die man zwar feststellen kann, die aber nichts erklären, hat die menschliche Gattung im Laufe ihrer Geschichte die Objektivität ihrer Erkenntnis postuliert; diese ethische Wahl der unendlichen Konfrontation von Erfahrung und Theorie hat sie auf einen fruchtbaren und weniger gewagten Weg geführt als die der großen Lehren. In der Tat kann der Mensch nicht auf Werte verzichten; aber wenn es zwischen den möglichen Werten auf Grund ihrer Bewährungsproben zu wählen heißt, sollten von nun an die Praktiken der Entdeckung und der Verifizierung bevorzugt werden, die uns unsere ursprüngliche Kontingenz lehren, nichts beurteilen, nichts gebieten, aber wenigstens die Pseudogewißheiten der anderen Werte ausschließen, die mehr versprechen als sie halten, mehr behaupten, als sie wissen können.

Diese Ethik der Wissenschaft, die faktisch idealistisch ist, da sie durch nichts als sich selbst begründet ist, könnte sich selbst genügen, wie die Schlußfolgerungen der Antrittsvorlesung Jacques Monods im Collège de France andeuteten. Dennoch postuliert ein dritter Schritt „ein Bedürfnis nach Überschreitung und Transzendenz“, von dem in unserer Epoche der sozialistische Traum zeugt. Es scheine jetzt evident, daß allein die objektive Erkenntnis und ihre ethische Wahl dessen „philosophische Doktrin“ sein und den Marxismus ersetzen könne, der theoretisch und praktisch abgewiesen wird. „Die einzige Hoffnung des Sozialismus“, so folgert das Buch, „liegt nicht in einer ‚Revision‘ der Ideologie, die ihn seit mehr als einem Jahrhundert beherrscht, sondern in der völligen Aufgabe dieser Ideologie. Wo also sollte man die Quelle der Wahrheit und der moralischen Inspiration eines wirklich *wissenschaftlichen* sozialistischen Humanismus finden, wenn nicht an den Quellen der Wissenschaft selbst, in der Ethik, die die Erkenntnis begründet, indem sie aus ihr durch freie Wahl den höchsten Wert, das Maß und die

Garantie aller anderen Werte bildet? Ethik also, die die moralische Verantwortung auf die Freiheit dieser axiomatischen Wahl selbst gründet."

Die Werte und die Erkenntnis

Das sind die drei Thesen, die bei weitem die Absicht einer „Naturphilosophie der modernen Biologie" überschreiten. Es wäre auch zu fragen, ob ihr Universalitätswert wirklich der vom Autor vorausgesetzte ist.

Ohne Zweifel wird niemand schärfer als ein Marxist ebenso wie J. Monod die mythischen, spekulativen und religiösen Werte ablehnen, die tatsächlich unabhängig von den Wissenschaften, ja seit der Mitte des 19. Jahrhunderts sogar gegen sie, eine intentionale Verbindung zwischen Mensch und Natur annahmen. Diese Ablehnung ergibt sich nicht nur aus dem wissenschaftlichen Charakter des Marxismus, sondern auch aus der Besonderheit der menschlichen Entwicklung, wie sie der historische Materialismus auffaßt. Außerdem haben die verschiedenen Disziplinen der wissenschaftlichen Anthropologie spezifische Gesetze der Geschichte erkannt, die jeden Naturalismus sowie jede universelle Teleologie verurteilen, die auf einem abstrakten Prinzip gründet und deren Gipfel die Menschheit wäre. So ist es widersinnig, dem Marxismus „die Idee einer gesellschaftlichen Ethik, die auf angenommenen ‚natürlichen' Rechten des Menschen gegründet ist", vorzuwerfen.

In dieser Hinsicht ist es angebracht (worauf übrigens schon hingewiesen wurde[1]), auf den impliziten Biologismus Jacques Monods hinzuweisen, der ihn die Kategorien der Emergenz und der natürlichen Auslese bis zu den materiellen Existenzbedingungen der Gesellschaft ausdehnen läßt und so jede Differenz zwischen Natur und Gesellschaft verwischt. Wie es mit dieser Extrapolation auch sei, es scheint nicht gerechtfertigt, von der notwendigen Kritik aller möglichen ontogenetischen Spekulationen zu der des dialektischen Materialismus überzugehen. Dieser will keineswegs a priori eine hypothetische Kosmogenese oder ein System der Natur konstruieren, sondern bemüht sich, durch Synthese – und ohne Lücken der Erkenntnis durch „idealistische Flausen" verhüllen zu wollen – die Gesamtheit der Zusammenhänge und Prozesse zu erfassen, so wie die Wissenschaften sie abzuleiten erlauben, „wenigstens in den Hauptlinien" (Engels). Der Marxismus beschränkt sich darauf, entsprechend dem Stand der Wissenschaften den irreversiblen Prozeß der Entwicklung der Wirklichkeit tiefer zu ergründen, und beachtet dabei die jeder Ebene eigenen Bestimmungen, ohne das Höhere auf das Niedere zu reduzieren oder das Höhere auf das Niedere zu projizieren. Es gibt also in seinen philosophischen Thesen nichts, das im Widerspruch zu der objektiven Erkenntnis stehen könnte, die er „ohne fremde Zutat" verallgemeinert.

Der wirkliche Boden der theoretischen Frage, wie die Ethik zu begründen sei, ist also nicht der der Polemik gegen einen solcher Art frei interpretierten Marxismus. Es ist auch nicht sicher, daß es der ist, auf den sich Jacques Monod stellt, um seine eigene Lehre zu entwickeln. „Die Erkenntnis an sich", sagt er, „schließt jedes Werturteil aus (das heißt, andere Urteile als ‚von erkenntnistheoretischem Wert'), während die Ethik als in ihrem Wesen nicht *objektiv* für alle Zeiten vom Felde der Erkenntnis ausgeschlossen bleibt." Diese an sich traditionelle und seit Poincaré oder Lévy-Bruhl, dessen Positivismus bekannt ist, berühmte Trennung bringt die Urteile der Erkenntnis und die Werturteile in einen absoluten Gegensatz, und das um so mehr, als die Biologie des 20. Jahrhunderts gegen den szientistischen Optimismus des 19. Jahrhunderts nach Jacques Monod „einen Abgrund von Dunkelheit" vor uns aufreiße. Sie zeige dem Menschen, daß er „sich am Rande des Universums befindet, in dem er leben muß".

Man ist zunächst enttäuscht festzustellen, daß ein Wissenschaftler die seit langem widerlegten Vorurteile immer noch für evident hält, nach denen ein freies Bewußtsein willkürlich die Werte setze, so als ob wir nicht die geringste gesellschaftliche Determinierung der „Wahl" kennten, als ob wir nicht gelernt hätten, daß die moralischen Systeme Formen des Überbaus der ökonomischen Gesellschaftsformation sind, die ebensowenig wie die philosophischen Systeme auf unberührter Erde wachsen.

Aber sind die Wissenschaften, selbst wenn es wahr ist, daß sie sich, wenigstens im Prinzip, vom Geist der Objektivität leiten lassen, zunächst was ihren Inhalt anbetrifft, wirklich ohne „normative Funktion"? Und können sie uns nur die Verzweiflung darüber lehren, daß die menschliche Gattung auf unerklärliche Weise aufgetaucht ist? Andere Gelehrte sprachen anders von „dem menschlichen Wert der Wissenschaft", die sie nicht auf ihren Aspekt objektiver und bewußter Disziplin reduzierten. Langevin z. B. betonte immer wieder den Vorsprung der Wissenschaft vor dem Recht und verurteilte ihren Mißbrauch zu kriegerischen und reaktionären Zwecken. Er sah in ihr, ohne übertriebenen Optimismus, einen doppelten Faktor materieller und geistiger Befreiung. „Wenn wir die Methoden und den Geist dieser Wissenschaft auf alle menschlichen Aspekte der Wirklichkeit anwenden", sagte er, „und insbesondere auf die menschlichen Probleme, werden wir die Gefahren unserer Zeit bannen und unsere Gattung retten können allein mit dem Postulat, daß sie eine Form des Lebens darstellt, die würdig ist, bewahrt zu werden."[2]

Von der Biologie, und insbesondere vom Auftauchen neuer und höherer Formen des Lebens, die durch einen Prozeß zunehmender Assoziierung und gegenseitiger Hilfe gekennzeichnet sind, sagte er: „Hier liegt die wissenschaftliche Grundlage der menschlichen Moral, die das Studium des Lebens freizulegen gestattet. Indem man zwei Pflichten vergißt, bringt man das kollektive Leben oder das Leben schlechthin in zwei Gefahren: in die Gefahr des Egoismus, der die Solidarität in Frage stellt, und in die Gefahr des Konformismus, der die Pflicht nach Persönlichkeit verletzt. Weder Egoismus noch Konformismus. Mir scheint es, daß man hier die notwendige Klarheit finden kann, um das Grundproblem der menschlichen Gesellschaft zu lösen, die Suche eines glücklichen Gleichgewichts zwischen den Rechten des Individuums und denen der Gemeinschaft."

Gewiß kann man über den Verallgemeinerungsgrad dieser normativen Aussage, der eine notwendige Vermittlung fehlt, streiten: die Vermittlung einer Wissenschaft von der Geschichte, die Bedingungen determiniert, unter denen der vom jungen Marx formulierte „kategorische Imperativ", *„alle Verhältnisse umzuwerfen,* in denen der Mensch ein erniedrigtes, ein geknechtetes, ein verlassenes, ein verächtliches Wesen ist"[3], verwirklicht werden kann, mit anderen Worten, die Umstände vermenschlicht werden. In den Mitteln, die die Wissenschaften den Menschen zur Verfügung stellen, sah Langevin bereits den Hinweis auf ihre Zwecke und konnte so die Hauptlinien der moralischen Erfindung fern von jeder der Welt der Menschen äußerlichen

Spekulation skizzieren. Und die Schriften Joliot-Curies gingen in diesem Sinne noch viel weiter. Heute sind es der historische Materialismus und insbesondere der wissenschaftliche Sozialismus, die auf historischer und objektiver Notwendigkeit begründete Werturteile aus der Wissenschaft abzuleiten erlauben: „Der Mensch ist nicht nur Produzent von Werkzeugen; er ist in einem und demselben gesellschaftlichen und historischen Prozeß zugleich und davon untrennbar auch der Produzent seines eigenen Bewußtseins, möge er auch glauben, es habe einen anderen Ursprung. Das heißt, daß er sich zugleich seine Mittel und seine Zwecke schafft; der metaphysische Riß zwischen dem Wie und dem Warum, zwischen der Tat und ihrem Sinn, zwischen der Praxis und der Norm ist nicht ursprünglich. Die Dialektik der Gesellschaften hat ihn geschaffen, sie wird ihn wieder schließen. Der Gegensatz zwischen Wissenschaft und Bewußtsein, zwischen Wissenschaft und Moral ist nur eine der zahlreichen Erscheinungsformen eines vielseitigen Prozesses der Entfremdung. Solange der Mensch sich seiner Wirklichkeit als historisches und gesellschaftliches Wesen nicht bewußt wird, sind ihm die moralischen Werte, die Gebote Gottes oder des Bewußtseins ein Geheimnis. Er glaubt, daß die Moral in eine übernatürliche, übergeschichtliche und der Wissenschaft unzugängliche Sphäre führt, da diese, seiner Meinung nach, nur die Verkettung der Erscheinungen auf der Ebene der sinnlichen Erfahrung zum Inhalt haben kann. Die Originalität des historischen Materialismus besteht darin, daß die durch die Erkenntnis der Gesetze der menschlichen Entwicklung entmystifizierte Menschheit ihre Praxis und ihre Möglichkeiten verstehen lernt. Die so verstandene Wissenschaft vom Menschen entdeckt dem Menschen nicht nur seine Stellung in Zeit und Raum; sie begnügt sich nicht damit, ihm seinen Platz zuzuweisen; sie entdeckt ihm seinen Horizont, den Kommunismus."[4] Wenn also die Werturteile von Menschen gefällt werden, so wird ihre Wahl, die nicht willkürlich ist, durch Erkenntnisurteile determiniert. Der normative Charakter wird ihnen sowohl durch den Inhalt des Wissens als durch die Form wissenschaftlicher Objektivität aufgeprägt.

Die „Urwahl"

Ist bei der Interpretation des Ursprungs dieser Objektivität nicht einige Naivität im Spiel, wenn sie mit einem ursprünglichen Werturteil identifiziert wird? Dieses Postulat wird übrigens bei Jacques Monod noch besonders dadurch eingeschränkt, daß er es ausschließlich auf die Ablehnung der Interpretationen durch Finalursachen reduziert. Gewiß räumt er ein, daß diese „Wahl" ursprünglich unbewußt war. Aber durch vorschnelle Analogie nähert er sie der Ur-„Wahl" an, die einer Gattung und ihrer ganzen Nachkommenschaft einen determinierten Weg vorzeichnen würde. Stellen wir zunächst fest, daß diese bewußte oder unbewußte „Wahl" der Objektivität niemals ursprünglich auf der Grundlage eines wissenschaftlich erarbeiteten Modells erlebt werden konnte. Jahrhunderte des Fortschritts der Wissenschaften waren nötig, bevor die moderne Erkenntnistheorie die Objektivität theoretisch fassen konnte. Aber noch erstaunlicher ist, daß ein um das konkrete Studium aller Erscheinungen der Wirklichkeit besorgter Wissenschaftler dieses unterläßt, wenn es um die Erklärung der Entstehungs- und Entwicklungsbedingungen der wissenschaftlichen Praxis in den menschlichen Gesellschaften geht. Man könnte glauben, die Gesellschaftswissenschaften hätten nichts über die materiellen – in erster Linie ökonomischen und technischen – Voraussetzungen der wissenschaftlichen Erkenntnis auszusagen. Daß die Wissenschaft eine wesentliche Instanz in einer ökonomischen Gesellschaftsformation ist, daß ihre Ausbildung sich den Menschen zunächst empirisch und dann immer systematischer aufzwang, davon zeugen viele berühmte Arbeiten über die Entstehung der griechischen und chinesischen Wissenschaft wie über die Entwicklung der Experimentalwissenschaften, die untrennbar mit dem Prozeß des Kapitalismus verbunden waren, der die Periode der sogenannten modernen Zeit umfaßt. Die Geschichte der Wissenschaften ist nicht einfach ein Gedächtnis, eine Chronik, die von den Abenteuern eines gewissen menschlichen Entwurfs berichtet. Sie untersucht, wie die wissenschaftlichen Begriffe entstanden sind, wie sie auf besonderen Gebieten wirksam zu werden begannen. Sie studiert auch den gesellschaftlichen Prozeß der Herausbildung wissenschaftlicher Praktiken und der zu ihnen gehörenden Institutionen, für die es keineswegs evident ist, daß die Menschen von Anfang an ihre Funktion klar begriffen oder nur sie zu schaffen beabsichtigten. Es ist also unmöglich, eine wissenschaftliche Haltung, die die Verselbständigung der Wissenschaften innerhalb der modernen gesellschaftlichen Praktiken erst jetzt als Gegenstand einer Wahl getrennt zu denken gestattet, in eine Urwahl zu verwandeln.

Auch der Gedanke, daß die Forderung nach Objektivität ein unbeweisbares Postulat oder ein Axiom des Denkens sei, widerspricht der gesamten Geschichte des methodologischen Determinismus. Die Objektivität wird als legitim durch das Gebäude der konstituierten Wissenschaft, durch die Fülle ihrer verifizierten Erklärungen, durch die Herrschaft und den Besitz der Dinge, den sie den Menschen sichert, theoretisch und praktisch bewiesen. Deshalb ist die Wahl erkenntnistheoretischer statt religiöser und spekulativ-philosophischer Werte von nun an nicht mehr zu bestreiten.

Letzten Endes stützt sich auch die Ethik der Erkenntnis auf die Erkenntnis der gesellschaftlichen Bedingungen jeder Ethik. Der objektive Wert ihrer Normen hängt nicht von einem Dekret des Geistes ab, sondern von der Herrschaft, die die Menschen durch eine jahrhundertelange wissenschaftliche Arbeit über die Dinge und über ihr Denken gewonnen haben.

Ein „wirklicher Sozialismus"

In der Erkenntnis, daß Wissenschaften und Ethik nicht ausschließlich getrennt sein können, entschließt sich Jacques Monod, ihre Einheit in einem sozialistischen Humanismus zu konzipieren, der ihm die Forderungen sowohl nach Werten wie nach objektiver Erkenntnis zu versöhnen scheint. Man hat ihm das vorgeworfen und ihn beschuldigt, sich selbst zu widersprechen, indem er sich willkürlich für eine jener Ideologien entscheidet, die er theoretisch verurteilt, die andere politisch ablehnen oder als Phantasmen des Vorzeitmenschen bezeichnen.[5] Tatsächlich fiel Jacques Monod die Begründung schwer, denn angesichts der realen sozialistischen Bewegung wurde die Leere seines blutlosen, unbestimmten und abstrakten Sozialismus, der auf die vage humanitäre Hoffnung einer „die Entfremdung aufhebenden Gesellschaft" reduziert ist, deutlich.

Es sei wenigstens die Großzügigkeit dieser Assoziation anerkannt, der man wahrscheinlich einigen theoretischen Kredit zubilligen kann. Der Höhepunkt dieses „wirklichen Sozialismus" – Marx hätte zu seiner Zeit „wahren Sozialismus" gesagt – wäre der rein formelle Wert des wissenschaftlichen Denkens, das in gewisser Weise der politischen Aktion als Regulator dient. „Als Grundlage der gesellschaftlichen und politischen Institutionen anerkannt, also als Maß ihrer Echtheit, ihres Wertes, kann allein die Ethik der Erkenntnis zum Sozialismus führen. Sie erfordert Institutionen, die sich der Verteidigung, der Ausdehnung, der Bereicherung des transzendenten Reiches der Ideen, der Erkenntnis, der Schöpfung widmen. Eines Reiches, das der Mensch bewohnt und wo er, immer mehr von den materiellen Zwängen wie von der unaufrichtigen Herrschaft des Animismus befreit, endlich eigentlich leben könnte, verteidigt von Institutionen, die in ihm zugleich das Subjekt und den Schöpfer des Reiches sehen und ihm in seinem einmaligen und wertvollsten Wesen dienen müßten."

Wenn wir ihren Kern richtig verstehen, hat diese Konzeption vom Sozialismus einen gewissen Beiklang: den des Ideals der wissenschaftlichen Vernünftigkeit, der neuen Herrschaft der Zwecke. Die Hinweise auf Kant und Camus erhalten hier ihren Sinn. Die Ideologie des Menschen in der Revolte und des universellen guten Willens finden so ihre Erfüllung in der Errichtung einer liberalen wissenschaftlichen Technokratie. Die quasi religiösen Akzente dieses abschließenden Textes sind in der Tat bezeichnend: Sie kennzeichnen eine Verkehrung der materiellen Prämissen des Sozialismus in die Mystik einer moralischen Anthropologie, die bei allem modernen Schein nicht weniger spekulativ ist. Wir kommen hier in die Nähe des „bürgerlichen Sozialismus", den Lenin kritisierte, des liberalen Sozialismus, der jede wissenschaftliche und praktische Grundlage verläßt, um dem frommen Wunsch eines konzertierten Voranschreitens zum universalen Fortschritt unter der aufgeklärten Führung der Wissenschaftler und ihres Glaubens Platz zu machen. Diese Utopie, dieser Traum, die Jacques Monod selbst als solche anerkennt, sind kaum geeignet, sich den Parteigängern der „Neuen Gesellschaft" oder des „Manifestes Himmel und Erde" entgegenzustellen, das übrigens wie ein eigenartiges Echo zum „Reich" und zur „Finsternis" anmutet. Diese wie jene versprechen uns für das zweite Jahrtausend den technischen und wissenschaftlichen Fortschritt, die „Partizipation" und Entfaltung des Menschen.

Man gestatte uns hier einige historische Analogien, denn diese Rückkehr zum Utopismus erinnert an einige Erscheinungen, aus denen die revolutionäre Arbeiterbewegung ihre Lehren zu ziehen hatte. Während der zweiten Hälfte des 19. Jahrhunderts lobten die Neukantianer der Marburger Schule, Friedrich Albert Lange und Hermann Cohen an der Spitze, ihrerseits den erkenntnistheoretischen Wert der Wilhelminischen Wissenschaft in der Glanzzeit des „Made in Germany", sie lehnten den Marxismus ab und vereinbarten den sozialistischen „Entwurf" mit der Kantschen Ethik.[6] Sie haben ebenso die kleinbürgerlichen Theorien Bernsteins beeinflußt, die in seinen Artikeln über „Die Voraussetzungen des Sozialismus" dargelegt sind, wie den Revisionismus der Conrad Schmidt, Joseph Bloch u. a. gefördert, für den die deutsche Sozialdemokratie, wie bekannt, teuer bezahlen mußte.

Es scheint uns kein Zufall, wenn in unserer Zeit der Entwicklung des Monopolkapitalismus, der wissenschaftlich-technischen Revolution und der Integrationspolitik wiederum, trotz der praktischen und theoretischen Widersprüche, ein Bedürfnis nach kritischer Theorie Kantschen Typs sowie nach einem moralischen Idealismus auftaucht, dessen gesellschaftliche Dimensionen man nicht verkennen darf. Die scheinbar einsame Reflexion des Biologen paßt sich letztlich auf symptomatisch harmonische Weise den Themen der „Industriegesellschaft", der liberalen „Überschreitung" des Kapitalismus und der „Entwicklungsgesellschaft" an. All das kann nicht sehr weit führen. Wenn man sich wirklich mit dem Sozialismus auseinandersetzen will, sollte man sich nicht auf ideologische Archaismen oder ihre neuen Verkleidungen, sondern auf den wissenschaftlichen Sozialismus beziehen, wobei das Beiwort nicht eine Stilfloskel ist, über die Jacques Monod sich lustig machen zu können glaubt. Denn niemand kann die politische Ökonomie, den Klassenkampf oder die objektiven Gesetze der Entwicklung des Kapitalismus wie des Sozialismus ignorieren. Die Kritiker Monods wußten nicht, wie recht sie hatten. Er ist an dem einzigen Sozialismus vorbeigegangen, der mit der wissenschaftlichen Objektivität vereinbar ist und den keiner seiner Einwände wirktlich trifft.

Pierre Roubaud

Notizen zu „Zufall und Notwendigkeit" von Jacques Monod

Die immer schnellere und ausgedehntere wissenschaftliche Entwicklung wird in einer großen Zahl neuer Disziplinen sichtbar.

Diese Disziplinen müssen sich alle zunächst in der wissenschaftlichen Welt durchsetzen, unabhängig davon, wie sie entstanden sind, wie weit die Autonomie ihrer Entwicklung und wie weit die mehr oder weniger weit vorangetriebene Spezialisierung der sie konstituierenden experimentellen und theoretischen Resultate gediehen ist; dann müssen sie auf ökonomischer, politischer und ideologischer Ebene mit allen Aspekten des gesellschaftlichen Lebens konfrontiert werden.

Diese Konfrontation unternimmt Professor Jacques Monod auf seine Weise, im Namen der Molekularbiologie, einer Disziplin, die auf wissenschaftlicher Grundlage aufzubauen er wesentlich beigetragen hat.

Das von ihm geschriebene Buch trägt den Titel „Zufall und Notwendigkeit – Versuch über die Naturphilosophie der modernen Biologie".

Die vorliegenden Notizen wollen über den Inhalt eines Buches informieren, dessen Erfolg die zunehmende Rolle der Wissenschaft im gesellschaftlichen Leben und die Intensität des Kampfes der Ideen zum Ausdruck bringt.

Wie Roland Leroy in einem Streitgespräch bemerkte, muß man das Buch Monods unter zwei eng miteinander verbundenen Aspekten betrachten.

1. Es ist eine bemerkenswerte Darstellung der Ergebnisse einer neuen wissenschaftlichen Disziplin. Insofern stellt es besondere wissenschaftliche Probleme, die nur von den Spezialisten selbst behandelt werden können. Die neuen wissenschaftlichen Ergebnisse der Biologie, über die „Zufall und Notwendigkeit" Rechenschaft gibt, müssen, wie alle neuen Ergebnisse

der Wissenschaft, mit der allgemeinen Wissenschaftstheorie, die der dialektische Materialismus darstellt, konfrontiert werden.

2. Aber „Zufall und Notwendigkeit" ist nicht nur eine Darstellung der wissenschaftlichen Biologie; das Buch offenbart auch, wie die bürgerliche Ideologie sich den Fortschritten der Wissenschaft anpaßt und sie zu gebrauchen versucht. In dieser Hinsicht erfordert das Werk Monods – wie andere der gleichen Art – eine kritische Analyse und eine Antwort.

Einige Thesen Monods

Wir werden den affirmativen Teil des Buches, der die Darstellung der wissenschaftlichen, philosophischen und politischen Thesen Monods umfaßt, vom polemischen Teil unterscheiden, der die Theorien, die er bekämpft, insbesondere den dialektischen Materialismus, darstellt und zu widerlegen versucht.

Der Zufall und das Unvorhersehbare in der Entwicklung des Lebens und des Menschen

Das Hauptthema des Buches, das den Titel und den roten Faden bestimmte, läßt sich wie folgt zusammenfassen: Die Lebewesen sind vom Beginn des Lebens an und während ihrer Entwicklung bis zum Auftauchen des Menschen Systeme, die „fähig sind, den Zufall zu konservieren und zu reproduzieren".
Definition und Evolution der Lebewesen:

Die „eigenartigen Objekte" – die Lebewesen – sind durch drei Eigenschaften charakterisiert: die „Teleonomie", die „autonome Morphogenese" und die „invariante Reproduktion".[1]

Von dieser Definition ausgehend, gibt das Buch Monods eine packende Beschreibung der Ergebnisse der Biologie; es zeigt insbesondere, wie ein Grundbestandteil der Zelle, die DNS (Desoxyribonukleinsäure) bis ins einzelne die Funktionsmöglichkeiten und die spontane Konstruktion des gesamten Organismus bestimmt.

Die DNS legt zwar die Konstruktion und das Funktionieren des Lebewesens fest, es gibt jedoch keine Rückwirkung auf die Struktur der DNS.

Gleichzeitig ist die DNS für die Eigenschaft der invarianten Reproduktion verantwortlich, da sie sich mit sich selbst identisch reproduzieren kann. Aus diesen Eigenschaften der DNS ergibt sich die der Lebewesen, „den Zufall zu konservieren und zu multiplizieren". So wird die biologische Evolution möglich, einschließlich derjenigen, die zum Erscheinen des Menschen führt: ein zufällige Änderung der DNS (Mutation) ruft eine Modifizierung des Lebewesens hervor, die selektiert wird, wenn sie ihm eine höhere Reproduktionsfähigkeit verleiht.

Das erste Wesen, das ein artikuliertes Symbol benutzte, um eine Kategorie darzustellen, schuf einen Selektionsdruck, der bei seinen Nachkommen alles, was zum Gebrauch der Sprache beitrug, begünstigte. Am Ausgang dieser Evolution, wie der des Lebens überhaupt, stand der Zufall, das Unvorhersehbare. „. . . das Universum ging nicht mit dem Leben schwanger, noch die Biosphäre mit dem Menschen."

Die „Werte" und „Denkkategorien" als Frucht der genetischen Selektion des Menschen

1. *Selektionsdruck durch die Sprache, das Gehirn als Simulator von Erfahrung.* Das Gehirn wurde für seine Fähigkeit selektiert, die Sprache zu benutzen, „Leistung . . . von ungeheurer Macht". Der Selektionsdruck trug auf entscheidende Weise zur physischen Entwicklung des Menschen bei. So müssen sich in der Vererbung, in der DNS, nicht nur die Fähigkeit zur Sprache eingezeichnet finden, sondern auch „die Grundkategorien der Erkenntnis und vielleicht auch andere Elemente des menschlichen Verhaltens, die weniger grundsätzlich, aber für das Individuum und die Gesellschaft von großer Bedeutung sind".

Indem das Gehirn die Erfahrung simuliert, bereitet es das Handeln vor. Als Instrument der Antizipation, das sich ständig durch die Ergebnisse seiner eigenen Erfahrungen bereichert, ist der Simulator Instrument der Entdeckung und der Schöpfung.

2. *Die Selektion durch Kriege, die Selektion der Ideen.* In einer zweiten Phase der Evolution, „als der Mensch seine Herrschaft über das Universum weit ausgedehnt hatte, litt er weniger unter den Gefahren, die es für ihn enthielt . . ., der Mensch hatte als ernsthaften Gegner nur noch sich selbst vor sich": Es ist ein Kampf auf Leben und Tod, die Rassen- oder Stammes-

kriege (die historischen Völkermorde) werden einer der Hauptfaktoren der Selektion.

Unter diesen Bedingungen werden die Ideen selektiert, die den menschlichen Gruppen mehr „Zusammenhalt, Ehrgeiz und Selbstvertrauen" geben, und dies „ohne notwendige Beziehungen zum Anteil objektiver Wahrheit, die diese Ideen enthalten konnten".

3. *Der Selektionsmangel: eine Gefahr für die Intelligenz der Art.* Heute zählt der persönliche und nicht der genetische Erfolg (die Zahl von Nachfahren).

Das kann gefährliche Folgen für die genetische Evolution des Menschen haben: insbesondere die Begrenzung der menschlichen Intelligenz, die Entwicklung von Mängeln aller Art.

Dennoch ist die ernsteste Gefahr, die der Menschheit droht, ein „Seelenleiden": es ergibt sich aus der Unvereinbarkeit der Wissenschaft mit den im genetischen Erbe des Menschen verschlüsselten Bedürfnissen und Werten.

4. *Die wissenschaftliche „Objektivität" stellt die Erkenntnis den unerkennbaren Werten gegenüber, die dem Handeln zugrunde liegen.* Die Wissenschaft ist mit dem vererbten Bedürfnis nach beruhigender Erklärung unvereinbar, denn sie zeigt dem Menschen „seine totale Einsamkeit, seine radikale Fremdheit" ... „den Zufall seines Ursprungs".

Außerdem stellt sich die Wissenschaft durch ihr „Objektivitätspostulat" dem Erbe des Menschen entgegen, das ihn dazu treibt, die Ideen „zu fördern, die keinen Bezug zum Anteil objektiver Wahrheit haben, den sie enthalten", ein Erbe, das ihn dazu auffordert, „sich der Wissenschaft zu bedienen, statt ihr zu dienen".

Das Objektivitätspostulat verbietet jede Interpretation „in Begriffen finaler Ursachen, das heißt des Entwurfs". Alle Interpretationen oder Werte, die das Handeln rechtfertigen, sind „vom Felde der Erkenntnis ausgeschlossen". Ja, mehr noch, die Wahl der Wissenschaft als erster Wert verlangt das völlige Aufgeben der „teleonomischen", menschlichen Werte. Das ist eine schmerzhafte, furchterregende Wahl, denn diese Werte sind in der Vererbung des Menschen verschlüsselt.

Das Objektivitätsprinzip verlangt also die radikale Trennung der Ziele einer Handlung (d. h. das Wertesystem, die Ethik, die sie rechtfertigen) von der Erkenntnis (die dennoch für jede Handlung notwendig ist).

5. *Das Bedürfnis der Transzendenz mit Hilfe des willkürlichen Objektivitätspostulats.* Das Objektivitätsprinzip gründet sich nicht auf dem Menschen aufgezwungene Notwendigkeiten. „Dieses Verbot, dieses erste Gebot ist selbst nicht objektiv, es ist eine moralische Regel, eine Disziplin, eine ethische Wahl und nicht eine Erkenntnis."

Kann diese Wahl der „Objektivität" die des Menschen sein? Ohne Zweifel, denn der Mensch braucht mehr als „Erklärung", „Überschreitung" und „Transzendenz". Davon zeugt „die Macht des großen sozialistischen Traumes, der in den Seelen immer noch lebendig ist". Die „willkürliche" Wahl der Objektivität oder „Ethik der Erkenntnis" ist die einzige zugleich rationale und entschlossen idealistische Haltung, auf der ein wirklicher Sozialismus aufgebaut werden könnte.

6. *Der Sozialismus: eine Gesellschaft im Dienste des transzendenten Reiches der Ideen.* „Als Grundlage der gesellschaftlichen und politischen Institutionen anerkannt, könnte allein die Ethik der Erkenntnis zum Sozialismus führen . . ." „Sie verlangt Institutionen, die sich der Verteidigung, der Ausdehnung und der Bereicherung des transzendenten Reiches der Ideen widmen . . ., wo der Mensch, zunehmend von den materiellen Zwängen wie von der verlogenen Sklaverei des Animismus befreit, endlich authentisch leben könnte."

„Der Mensch weiß endlich, daß er in der gleichgültigen Weite des Universums, aus der er durch Zufall auftauchte, allein ist. Nicht mehr als sein Schicksal ist seine Pflicht irgendwo verzeichnet. Ihm obliegt es, zwischen dem Reich und der Finsternis zu wählen."

Oberflächliche Darstellung der Naturphilosophien; Entstellung des Marxismus

„Zufall und Notwendigkeit" widmet der Kritik der philosophischen Konzeptionen der Biologie und insbesondere dem dialektischen Materialismus einen breiten Raum.

Es wird mangels Platz nicht möglich sein, über diesen Aspekt des Buches ausführlich zu berichten, der mehr durch die Absicht, die er verrät, als durch seinen Inhalt von Interesse ist.

Für Monod setzen alle Konzeptionen, die explizit dargestellt wurden, um von der Fremdheit der Lebewesen Rechenschaft abzulegen – mit Ausnahme der wissenschaftlichen Konzeption, für die die Teleonomie eine sekundäre, aus der invarianten Reproduktion abgeleitete Eigenschaft ist –, ausnahmslos die Existenz eines ursprünglichen teleonomischen Prinzips voraus; alle anderen Eigenschaften der Lebewesen wären nur dessen Folge. Der Vitalismus nimmt die Existenz von Prinzipien an, die den Lebewesen spezifisch sind.

Die „animistischen“ Theorien berufen sich dagegen auf ein universelles teleonomisches Prinzip, das für die kosmische Entwicklung ebenso verantwortlich ist wie für die der Biosphäre.

Die Theorie Teilhard de Chardins wird nicht grundsätzlich kritisiert: „Der Stil ist ausgefeilt, der versöhnliche Geist Teilhards erklärt sich aus seiner Zugehörigkeit zum Jesuitenorden.“

Der Marxismus wird zusammen mit der religiösen Ideologie in den Animismus eingereiht als eine Konzeption, die die natürlichen Erscheinungen auf die gleiche Weise erklärt wie die subjektive, bewußte und schöpferische menschliche Tätigkeit.

Der dialektische Materialismus wird in einen subjektiven Idealismus verwandelt, nach dem ein teleonomisches (Planungs-) Prinzip (der Begriff) unabhängig von der Materie existiert (der er durch die Theorie aufgezwungen wäre).

Der Marxismus gebe „eine vollständige und detaillierte Erklärung der vergangenen, gegenwärtigen und künftigen Geschichte“, die äußere Welt wäre „in ihrer Totalität buchstäblich dem Bewußtsein gegenwärtig“, das Denken wäre ein „vollkommener Spiegel“ der Welt.

Von einer solchen maßgerechten „Rekonstituierung“ aus ist es leicht, auf die Nichtigkeit des Marxismus zu schließen: „Die einzige Hoffnung des Sozialismus liegt nicht in einer ‚Revision‘ der Ideologie, die ihn seit mehr als einem Jahrhundert beherrscht, sondern in ihrer völligen Aufgabe.“

Kritische Analyse einiger Themen von „Zufall und Notwendigkeit“

Um den Begriff des „wesentlichen Zufalls“ zu veranschaulichen, den er auf die Mutation und somit auf jede biologische Evolution anwendet, beschreibt Monod den Unfall, der einem Arzt zustieß, als dieser vom Hammer getroffen wurde, den ein auf dem Dach arbeitender Dachdecker aus Unachtsamkeit fallen ließ.

Es handelt sich hier für ihn um ein unvorhersehbares Ereignis, um eine absolute Koinzidenz zweier völlig unabhängiger Ereignisreihen, um eine wesentliche Unbestimmtheit.

Das gleiche würde für die Ereignisse, die eine Mutation hervorrufen, wie für die Folgen dieser Mutation für den Organismus gelten.

Der Begriff des „wesentlichen Zufalls" verbindet sich mit dem Gedanken, daß „die Wissenschaft von einem einmaligen Ereignis nichts aussagen noch mit ihm irgend etwas anfangen kann".[2]

Es schließt sich die These an, daß bei einem Ereignis, das einmalig ist, die Wahrscheinlichkeit vor dem Eintreten quasi null ist. Diese Betrachtungen werden auf den Ursprung des Lebens und des Menschen, die als einmalige Ereignisse betrachtet werden, angewandt.

Die Hauptkritik, die man diesen Betrachtungen entgegenstellen kann, ist, daß sie schlicht und einfach eine Negation der Wissenschaft und des bewußten Handelns rechtfertigen. Wenn die Wissenschaft tatsächlich von einem einmaligen Ereignis nichts aussagen und mit ihm nichts anfangen kann, so ist sie für immer stumm, denn jedes reale Ereignis ist einmalig, da es nie zwei streng identische Ereignisse gibt.

Wenn die Wahrscheinlichkeit eines beliebigen Ereignisses vor seinem Eintreten quasi null ist, so werden jede Vorhersage und somit auch jedes Handeln unmöglich.

Jedoch gibt es bei einem Ereignis nicht nur Unvorhersehbares, selbst nicht bei dem von Monod beschriebenen Unfall.

Es ist fruchtbarer, anstelle des „absoluten", „reinen Zufalls" den Allgemeinheitsgrad der verschiedenen Aspekte einer Erscheinung zu untersuchen, um so mehr, als dieser Allgemeinheitsgrad oft vor der Aktion des Experimentators modifiziert werden kann.[3]

Der auf die Mutation angewandte Begriff des Zufalls erscheint als wissenschaftlich begründet (und spezifisch), wenn er einen relativen Charakter bewahrt und abstrakter Ausdruck der engen Einheit zwischen Eigenschaften verschiedenen Allgemeinheitsgrades bleibt, die in der DNS auf Grund ihrer Eigenschaft invarianter Reproduktion selbst besteht.

Die DNS als materieller, konkreter und besonderer Gegenstand kann nicht die Eigenschaft haben, den Zufall als abstrakten, allgemeinen und keineswegs präexistierenden Begriff zu vervielfachen. Es ist im Gegenteil der Begriff des Zufalls, der die Eigenschaft invarianter Vervielfältigung der DNS und den Übergang der Eigenschaften des einmaligen Individuums zu den Eigenschaften der Vielfalt seiner Nachkommen widerspiegelt.

Außerdem ist es durchaus denkbar, daß es der Wissenschaft eines Tages gelingt, mit Sicherheit gewisse Mutationstypen zu bestimmen und ihre funktionellen Konsequenzen vorherzusehen: Die „wesentliche Unbestimmtheit" bekommt also schon teilweise einen Charakter „operationeller Unbestimmtheit".

Man kann auch folgendes bemerken: Führt man die absolute Willkür ein und vergißt dabei die Gattung, so führt man (ebenso falsch) eine absolute Notwendigkeit ein, wenn man das Individuum vergißt; ... „vom Reich des reinen Zufalls" ... kommt man mit der Selektion ... „in das der Notwendigkeit der unabweisbarsten Gewißheiten".[4]

Man muß dennoch der Molekularbiologie (und Monod) zugute halten, daß sie den Begriff der Kontingenz in der Wissenschaft rehabilitiert haben, selbst wenn diese Kontingenz durch den implizit polemischen Geist gegen eine absolute und dogmatische Konzeption der Notwendigkeit zum absoluten Zufall, zum „wesentlich Unvorhersehbaren" deformiert wird.

Der antidialektische Charakter der Philosophie Monods

Die philosophischen Konzeptionen Monods geben sich – und er macht daraus kein Geheimnis – als zutiefst antidialektisch. Die untrennbare und widersprüchliche Einheit des Besonderen und des Allgemeinen, der Notwendigkeit und des Zufalls, des Zusammenhangs und der Unabhängigkeit der Erscheinungen, der Wirkung und der Rückwirkung, des Reproduzierbaren und des Nichtreproduzierbaren usw. ist ihm unbekannt. Er bekämpft die wissenschaftliche Erkenntnis der dialektischen Eigenschaften der Materie, der allgemeinsten Eigenschaften, deren gründliches Studium Engels, von der Wissenschaft seiner Zeit ausgehend, unternommen hatte.

Monod gelangt zu einer Gesamtkonzeption, die die Wissenschaft und das bewußte Handeln weitgehend begrenzt.

Es ist nicht das erste Mal, daß ein Wissenschaftler aus seinem besonderen Wissen unwissenschaftliche allgemeine Konzeptionen zu erarbeiten versucht. Man könnte zahlreiche Beispiele dafür nennen, wie Monods Konzeptionen antidialektischen (metaphysischen) Typs ihn zu wenig begründeten und übertriebenen Behauptungen führt, die eine Neigung für Alles oder Nichts (aber auch, es sei zu seiner Verteidigung gesagt, für das Paradoxe) offenbaren und in Widerspruch mit den wissenschaftlichen Ergebnissen, die er selbst uns liefert, geraten.[5] Die Begriffe, die Eigenschaften der Lebewesen ausdrücken, tendieren bei ihm dahin, jeden relativen Charakter zu verlieren, voneinander isoliert zu werden, eine eigene Existenz zu bekommen, die von der konkreten Geschichte der Lebewesen, auf die sie sich beziehen, unabhängig ist.

Auf allgemeine Weise wird alles, was Wechselwirkung zwischen den lebenden Organismen ist, vernachlässigt, insbesondere der Mensch wird nicht als ein spezifisch gesellschaftliches Wesen beschrieben, das fähig ist, die Natur zu erkennen und zu beherrschen.

Bemerkungen zur These des angeborenen Charakters der menschlichen Verhaltensweisen und der Grundkategorien des Denkens

Die Konzeption Monods beruht nicht auf einer wissenschaftlichen Analyse der Beziehungen zwischen der Entwicklung des Denkens und des Verhaltens des Menschen und seiner genetischen Entwicklung.[6]

Wenn es auch „eine Dissoziation zwischen der kulturellen und genetischen Evolution“ gibt, so ist diese Erscheinung weder interpretiert noch, wie man hätte erwarten können, in Gegensatz zu manchen Thesen Monods selbst gestellt.

Wenn das Gehirn als „Simulator von Erfahrung“ selektiert wird, so setzt diese Simulationsfähigkeit voraus, daß es keinen genetischen Determinismus des Inhalts der Simulation gibt.

Dabei konnte die von der genetischen Vererbung unabhängige Simulation von Erfahrung nur durch das gleichzeitige Auftauchen eines neuen Handlungstypus entstehen. Wenn die subjektive, simulierte Erfahrung nicht anders als durch die „biologische" Anpassung in die Praxis übersetzt werden konnte (Anpassung, die selbst weitgehend durch die genetischen Eigenschaften des Individuums determiniert ist), dann könnte die subjektive Simulation der Art, die diese Fähigkeit besäße, keinc bemerkenswerte „neue Macht" verleihen.

Im Gegenteil entsteht mit dem Menschen das Handeln durch Vermittlung des Werkzeugs, dessen kollektiver Gebrauch die Möglichkeit der Übertragung über das Individuum hinaus sichert und die Möglichkeit kollektiver Simulation der Erfahrung, das heißt die menschliche Sprache, voraussetzt.

Dem „genezistischen" Subjektivismus Monods, für den der Inhalt des Denkens unwiderruflich durch die menschliche Vererbung geprägt ist, stellt der wissenschaftliche Materialismus eine Konzeption entgegen, für die das individuelle Denken auf deformierte Weise, aber unter ständiger Verbesserung, die Wirklichkeit des Individuums in der Gesellschaft, der Gesellschaft in der Natur und der Natur selbst widerspiegelt.

Die Gedanken werden also mittels der Erfahrung „selektiert", weil sie unabhängig von den realen Bedürfnissen der Menschen diese zum Handeln anleiten. Diese gesellschaftlich und biologisch determinierten Bedürfnisse müssen ihrerseits im Denken widergespiegelt werden, damit es seine Rolle erfüllen kann. Die „Intentionen", die „Werte", die „Ethik" können nicht vom Felde der Erkenntnis ausgeschlossen werden.

Es ist wahr, daß unter bestimmten historischen Bedingungen die materiellen Bedürfnisse (in der Form von Werten widergespiegelt) und die Gesetze der historischen oder natürlichen Entwicklung (widergespiegelt in der Form von Erkenntnissen) zueinander in Widerspruch geraten können. So erlebt die historisch verurteilte kapitalistische Klasse den Widerspruch zwischen ihren Bedürfnissen, ihren Werten, ihrer Ethik und der Entwicklung der Erkenntnis in all ihren Formen, insbesondere der wissenschaftlichen Erkenntnis. Deshalb bemüht sie sich ständig, den Wert der Erkenntnis zu verneinen oder ihr bestimmte Bereiche, insbesondere die Geschichte, zu verbieten. Deshalb sucht sie, gegen die Wissenschaft, für die Verhaltensweisen und Erkenntnisse, die eine bestimmte historische Entwicklungsstufe widerspiegeln, die sie fixieren möchte, unveränderliche Grundlagen (z. B. genetische).

Die revolutionäre Ideologie entspricht im Gegensatz dazu dem historisch notwendigen Voranschreiten in Richtung einer klassenlosen Gesellschaft, in der es keinen unüberwindbaren Widerspruch zwischen der Erkenntnis und den Interessen der Menschen geben wird. Deshalb ist ihre Übereinstimmung mit der Erkenntnis in allen ihren Formen und insbesondere mit der Wissenschaft natürlich (aber nicht automatisch).

Bemerkungen zum Objektivitätsprinzip

Das „Objektivitätsprinzip“ Monods, per definitionem „willkürlich“, entspricht nicht der wissenschaftlichen Objektivität.

Die wissenschaftliche Objektivität hat nichts Willkürliches, da sie sich auf die Anerkennung des Primats der Materie, die vom Denken widergespiegelt wird, stützt. Diese Anerkennung, die die Grundlage der Wissenschaft ist, konstituiert den Materialismus, der gleichzeitig wissenschaftliches Prinzip und Ergebnis ist und unaufhörlich von den Fortschritten der Erkenntnis und der praktischen Ergebnisse bestätigt wird.

Das „Objektivitätsprinzip“ Monods dagegen hat zur Folge, die Ethik, die Werte und folglich auch das Handeln ins Unerkennbare zu verweisen.[7]

Er lehnt jede „Interpretation in Begriffen finaler Ursachen“, in Begriffen von „Teleonomie“, jede objektive Anerkennung von Zielen oder Absichten . . . auch für den Menschen ab. Er stellt sich radikal gegen die „politische Rede“, die zutiefst „uneigentlich“ ist.

Dieser „Objektivitäts“-Typ, der im großen Maße den Bereich des Unerkennbaren und Willkürlichen erweitert, verschmilzt mit einer gewissen apolitischen „Objektivität“, nach der es keine objektive Grundlage für die politische Erkenntnis gebe und folglich auf diesem Gebiete auch nicht eine objektive Realität, die es zu erkennen gilt, sondern ebensoviele „Wahrheiten“, wie die Subjektivität es wünscht! So kann man die Verurteilung der bürgerlichen Bedürfnisse und Werte durch die Geschichte verschleiern. Die apolitische Objektivität Monods stellt die Wissenschaft der Parteilichkeit, insbesondere in der Politik, entgegen, indem sie die Erkenntnis von den „Werten", die das Handeln rechtfertigen, trennt. Sie widerspiegelt unmittelbar eine Tendenz zur goldenen Mitte, zwischen Wahrheit und Irrtum oder Lüge, zwischen Aktion und Passivität, zwischen Subjektivismus und Wissenschaft, zwischen Ausbeutung des Menschen durch den Menschen und sozialistischer Revolution.

Bemerkungen zum Begriff der Vererbung der Intelligenz

Nach Monod führen die gegenwärtigen Bedingungen einer „rückläufigen" Selektion in der menschlichen Gattung zu einer Begrenzung der relativen Zahl der – genetisch bedingt – intelligentesten Individuen.

Diese These, die wissenschaftlich fragwürdig ist – der Begriff der Intelligenz müßte präzisiert werden –, fand eine um so wohlwollendere Aufnahme, als die herrschende Ideologie oft von ihr Gebrauch macht; der Imperialismus benutzt sie, um den Gebrauch der modernen Mittel der Geburtenbeschränkung bei manchen Völkern zu rechtfertigen, um so (vergeblich) Revolutionen vorzubeugen; die Begabtentheorie stützt alle Maßnahmen der gesellschaftlichen Ungleichheit in Bildung und Kultur.

Die vorschnell vorgebrachten Gedanken Monods über die genetische Selektion der Intelligenz können auch den technokratischen Illusionen mancher sozialer Schichten schmeicheln, die sich auf der Ebene der Bildung und Kultur begünstigt fühlen: sie wären nicht sozial determiniert und folglich auch nicht provisorisch, sondern durch einen unveränderlichen und irreversiblen genetischen Determinismus begründet.

Monod müßte auch präzisieren, ob der Sozialismus, den er uns vorschlägt, im Namen des höchsten Zieles der Erkenntnis auf der Ebene der Reproduktion der Individuen jene beseitigen dürfte, die als genetisch weniger intelligent betrachtet werden.

Ohne Zweifel wird ein solcher Vorschlag in „Zufall und Notwendigkeit" nicht explizit formuliert; dennoch scheinen zahlreiche Konzeptionen, die man im Buch antrifft, den Leser auf eine solche Lösung vorzubereiten.

Der Sozialismus Monods: eine den Gelehrten vorbehaltene Gesellschaft?

Jenen, die heute über die Erkenntnis verfügen, wird von Monod die beruhigende Perspektive einer Gesellschaft geboten, die sie gegen die weniger entwickelten (oder mißratenen) Massen zu schützen fähig wäre, und sie selber würden sich, von den „materiellen Zwängen“ (man weiß nicht wie) befreit, dem ausschließlichen Kult der Wissenschaft und der Ideen widmen können.

Die Realitäten unserer Epoche werden Gelehrten wie Monod beweisen, daß die Gesellschaft vor allem Organisation der materiellen Produktion ist. Die Wissenschaft kann also nicht der einzige Gegenstand des gesellschaftlichen Lebens sein und wird es auch nicht sein können.

Der Sozialismus ist und wird nicht die Frucht einer ethischen Wahl sein können, die von irgendeinem Denker vorgeschlagen wird, sondern das Ergebnis eines beharrlichen Kampfes der Arbeiterklasse und aller Werktätigen gegen die überholte Ausbeutung des Menschen durch den Menschen, der Ausbeutung, zu der Monod befremdlich stumm bleibt.

PHILIPPE CAZELLE

Der Begriff des Zufalls und die Kategorie der Kontingenz

„Was ist ein Naturgesetz? Was heißt Naturgesetze erkennen?" So könnte man die Fragen verdichten, die Jacques Monod in den Mittelpunkt seiner Überlegungen stellt. In der Tat wird das Thema der Notwendigkeit nicht allein aus Respekt vor einer konventionellen Antinomie mit dem Thema des Zufalls in Zusammenhang gebracht. Es berührt den grundlegenden Begriff der Gesetze des Zufalls.

Wenn man bei diesem Ausdruck stehenbleibt, muß man unmittelbar seinen wesentlich widersprüchlichen Charakter anerkennen. Der Zufall ist Negation der Notwendigkeit, die Gesetze des Zufalls sind ihrerseits Negation der Negation. Folglich ist es hier mehr denn irgendwo notwendig, guter, klarsehender Dialektiker zu sein. An mehreren Stellen macht sich der Dialektiker, der im Innern eines Wissenschaftlers fast immer vorhanden ist, unter der Feder Jacques Monods durchaus bemerkbar. Entgegen seiner Absicht könnten viele seiner Formulierungen eine neue „Dialektik der Natur" bereichern, fände sich ein neuer Engels, diese in Angriff zu nehmen. Das folgende Beispiel aus einem anregenden Abschnitt über die Herausbildung der Antikörper möge davon zeugen: „Es ist bemerkenswert zu entdecken, daß einem der präzisesten molekularen Anpassungsphänomene, das man kennt, eine Quelle von Zufall zugrunde liegt."

Ohne Zweifel ist der „Antidialektismus" Monods zu einem Teil ein Mißverständnis. Aber nicht nur das. Und neben einem wissenschaftlichen, korrekten Gebrauch der Begriffe des Zufalls in den meisten Fällen verraten lokalisierte, aber ernste ideologische Entgleisungen tiefe Divergenzen.

„Eine Intelligenz, welche für einen gegebenen Augenblick alle in der Natur wirkenden Kräfte sowie die jeweilige Lage der sie zusammensetzenden Elemente kennte, und überdies umfassend genug wäre, diese gegebenen Größen der Analysis zu unterwerfen, würde in derselben Formel die Bewegungen der größten Weltkörper wie des leichtesten Atoms umschließen; nichts würde ihr ungewiß sein und Zukunft wie Vergangenheit würden ihr offen vor Augen liegen."

Dieses deterministische Glaubensbekenntnis von Laplace kann als der Bezugspunkt betrachtet werden, durch den das Denken Monods seinen Platz angewiesen bekommt. Nein, antwortete Monod, man kann nicht alles vorhersehen. Die Voraussagen können nur statistischen Charakters sein.

„Allgemein könnte die Theorie die Existenz, die Eigenschaften, die Beziehungen gewisser *Klassen* von Objekten oder Ereignissen vorhersehen, jedoch selbstverständlich weder die Existenz noch die unterscheidenden Merkmale irgendeines Objektes, irgendeines *besonderen* Ereignisses."

Es ergibt sich daraus, daß einige besondere Ereignisse *ohne Gesetz*, allein durch den Effekt eines „Zufalls", den Monod als „wesentlich" bezeichnet, stattfanden.

Diesen „wesentlichen" Zufall definiert Monod nicht explizit, erläutert ihn jedoch alles in allem auf ziemlich klare Weise durch den Gegensatz des Zufalls beim Roulettspiel („unwesentlicher" Zufall, denn man könnte den Ausgang jeden Spiels dank der Gesetze der Mechanik berechnen) und bei einem Unfall, der dem Doktor Dupont zustieß, als er auf dem Weg zu einem Kranken war und ihm ein Rohr auf den Kopf fiel. Infolge der „Überschneidung zweier voneinander völlig unabhängiger Kausalketten" starb er daran. Der Unfall des Doktor Dupont gehöre zu derselben Ordnung des „wesentlichen Zufalls" wie die Quantenphänomene.

Unserer Meinung nach wird bei dieser Unterscheidung das verwechselt, was wir einerseits als den wissenschaftlichen Begriff des Zufalls und andererseits als die philosophische Kategorie der Kontingenz bezeichnen würden. Um das nachzuweisen, wollen wir uns jener Wissenschaft zuwenden, deren besonderer Gegenstand eben der Zufall ist: der modernen Wahrscheinlichkeitsrechnung, in der *alle wissenschaftlichen* Bedeutungen des Wortes „Zufall" ihre Grundlage finden und deren Voraussetzungen mit Ausnahme einiger Randschwierigkeiten heute von allen Spezialisten allgemein anerkannt werden.[1]

Im einzelnen werden wir kurz die drei Grundbegriffe dieser mathematischen Theorie erklären, und zwar die des Versuchs, des Ereignisses und der Wahrscheinlichkeit(es sind hierfür keine besonderen mathematischen Kenntnisse erforderlich).

a) *Der Begriff des Versuchs und die „Spielregeln".* Am Anfang steht eine „Spielregel", die explizit (Beispiel: die Spielregel beim Roulett) oder implizit (das ist oft der Fall der „Operationsmodi" der wissenschaftlichen Experimente) definiert ist. Jeder materielle Prozeß, der der „Spielregel" genügt, wird „Zufallsversuch" genannt werden. Die formelle mathematische Darstellung der „Spielregel" wird durch die *Gesamtheit* der Zufallsversuche (aktuelle oder virtuelle) geleistet, die ihren Vorschriften genügt.

Das Vorhandensein einer „Spielregel" ist der Prüfstein für den wissenschaftlichen Gebrauch des Begriffs Zufall. Wenn Monod schreibt: „... das Leben tauchte auf der Erde auf: was war *vor dem Ereignis* die Wahrscheinlichkeit dafür, daß dies möglich wurde?", so sind wir berechtigt, zu fragen, welche „Spielregel" für den Zufallsversuch gilt, durch den „das Leben auf der Erde auftauchte". Wenn Monod ihn mit der erforderlichen Genauigkeit beschreibt, ist der Streit auf wissenschaftlichen Boden gestellt und die Diskussion möglich. Kann er das nicht, so darf er auch nicht – selbst wenn er das Wort *„Zufall"* in einem Sinne zu verwenden beansprucht, der weniger kodifiziert ist – den Begriff der *Wahrscheinlichkeit* benutzen, denn der Gebrauch dieses Begriffs erfordert, wie wir sehen werden, die *vorausgehende* Definition der Zufallsversuche und der Ereignisse. Eine andere Bemerkung: Bereits mit der Einführung dieses ersten Begriffs und durch die Übersetzung der „Spielregel" in die extensive Form einer Gesamtheit von Versuchen zeichnet sich virtuell der wesentliche Charakter ab, den wir bei den Gesetzen des Zufalls finden werden, nämlich Gesetze *kollektiver* Erscheinungen zu sein. So kündigen sich die Gesetze des Zufalls von vornherein als Gesetze an, die nicht *einen individuellen*, sondern nur eine Ganzheit von Versuchen betreffen können.

b) *Der Begriff des Ereignisses und die Instanz der Praxis.* Ein Ereignis ist ein Merkmal, das jeder Zufallsversuch besitzen oder nicht besitzen kann. Jedes Ereignis ordnet also die Versuche in diejenigen, die es realisieren, und in diejenigen, die es nicht realisieren, ein.

Es wird unmittelbar einsichtig, daß man von Monod in bezug auf das „Ereignis" „das Leben ist auf der Erde aufgetaucht" ebenso wie bei dem „Zufallsversuch", von dem angenommen wird, daß es sich durch ihn ereignete, verlangen kann: definiere es genau, zunächst im Verständnis, durch die Aufzählung der ihm zugeordneten Merkmale.

Mehr noch. Die Struktur der Grundbegriffe der Wahrscheinlichkeitsrechnung verbietet es, ein Ereignis isoliert zu betrachten. Jedes Ereignis wird notwendigerweise in einer *Gesamtheit von Ereignissen* betrachtet (durch strenge Bedingungen und gleichzeitig reiche und genaue Eigenschaften charakterisiert), die die formelle Darstellung der *Bedeutung* der ihr zugeordneten Ereignisse konstituiert und zugleich im Begriff des Ereignisses die Spur des *Praxistyps* erfaßt, unter dem diese Bedeutung entsteht.

Um das zu illustrieren, wollen wir zum Roulett zurückkehren. Beim Roulett ist „die Kugel fällt auf eine ungerade Zahl" ein Ereignis, das zur Gesamtheit aller Ereignisse gehört, auf die man setzen kann und die von der gewinnenden Zahl her definiert sind. Aber es ist evident, daß „der Bankhalter ist Herr Dupont" ebenfalls ein Ereignis ist, und zwar eines, das einen wissenschaftlichen Spieler interessieren könnte. Dieser würde zu Recht annehmen, Herr Dupont lasse die Kugel nicht wie Herr Durand laufen, und würde dann gelehrte Berechnungen mit Hilfe eines Rechenautomaten durchführen, um das bei seinen Einsätzen zu berücksichtigen (eine von der des Durchschnittsspielers abweichende Praxis).

Dieser wissenschafliche Spieler wird sich also für eine reichere Gesamtheit von Ereignissen, die mehr Elementarereignisse enthält, interessieren, und wird folglich über „mehr Informationen" als der Durchschnittsspieler verfügen.

Das heißt nicht, daß die Gesetze des Zufalls nicht objektive Gesetze seien und vom „Standpunkt" abhingen, den man ihnen gegenüber einnimmt. Das heißt nur, daß man die Klasse der interessierenden Ereignisse korrekt als Funktion der entsprechenden Praxis definieren muß. So wird es möglich, das „richtige Gesetz" zu finden, das tatsächlich die Erscheinungen, mit denen man es zu tun hat, und nicht andere umfaßt.

Wenn Monod das „Ereignis" „das Leben ist auf der Erde aufgetaucht" behandelt oder wenn er im gleichen Sinne schreibt: „Ich stelle hier die These auf, daß die Biosphäre nicht eine vorhersehbare Klasse von Objekten oder Phänomenen enthält, sondern ein besonderes Ereignis darstellt, das gewiß mit den ersten Prinzipien vereinbar, aber *nicht* aus diesen Prinzipien *ableitbar* ist. Also wesentlich unvorhersehbar . . .", so müssen wir nach dem Sinn dieses „Ereignisses" fragen und nach dem Praxistyp, von dem abhängig es hier betrachtet wird. Sicher braucht man sich nicht aus Prinzip gegen eine solche „Voraussage a posteriori" zu verwahren; man greift manchmal auf sie zurück, um in einem vergangenen Prozeß das Wirken eines immer noch gegenwärtigen Naturgesetzes deutlich zu machen. Aber hier handelt es sich genau um das Gegenteil (da es um den „Beweis" geht, daß es *kein Gesetz* gab), und es fragt sich, ob Monod nicht einfach einen „wissenschaftlichen" Beweis für so etwas wie die Nichtexistenz Gottes oder die Notwendigkeit einer Ethik sucht.

c) *Der Begriff der Wahrscheinlichkeit und die Gesetze des Zufalls.* Die Wahrscheinlichkeit ist an ein Ereignis gebunden; genauer gesagt, ist ein Wahrscheinlichkeitsgesetz an eine Gesamtheit von Ereignissen gebunden; nachdem wir das festgestellt haben, müssen wir betonen, daß der Begriff der Wahrscheinlichkeit sehr abstrakt ist und hauptsächlich eine vermittelnde Rolle spielt. Gewiß kommt es vor, daß wichtige Theoreme der Wahrscheinlichkeitsrechnung zur Berechnung der Wahrscheinlichkeit gewisser Ereignisse dienen. Aber die wirklich grundlegenden Theoreme sind jene, bei denen die Wahrscheinlichkeit eines aus einem ausgedehnten Ensemble von Versuchen bestehenden Ereignisses gleich Null ist (das Ereignis wird dann als „vernachlässigbar" bezeichnet). Obwohl dieses Ereignis logisch möglich ist, *ereignet es sich nicht.* Das gegensätzliche Ereignis *ereignet sich mit Gewißheit.* Die Eigenschaften, die sich in dieser Form ausdrücken, gehören zu den Gesetzen das Zufalls.

Der Prototyp dieser Zufallsgesetze ist das „Gesetz der großen Zahl". Ein möglicher Ausdruck dieses Gesetzes besagt, daß in einer unendlichen Folge von Zufallsversuchen, die alle dem gleichen Wahrscheinlichkeitsgesetz gehorchen und in ihrer Wahrscheinlichkeit unabhängig voneinander sind, die durchschnittliche Häufigkeit der Verwirklichung eines gegebenen Ereignisses über die n ersten Versuche der Reihe notwendig zur Wahrscheinlichkeit dieses Ereignisses tendiert, wenn die Zahl n gegen unendlich strebt. In einer etwas abweichenden Form gestattet das Gesetz der großen Zahl dem Bankhalter vorauszusehen, daß er bei einer sehr großen Zahl von Einsätzen beim Roulett *mit Sicherheit praktisch* $^1/_{37}$ der Einsätze gewinnen wird. Es gestattet der Gesellschaft, bei der Dr. Dupont versichert ist, *sicher zu sein*, einen substantiellen Profit bei der Gesamtheit ihrer Vertragsabschlüsse zu realisieren.

Wir erkennen jetzt, was Monod beim Begriff des „wesentlichen Zufalls" verwechselt. Wenn er schreibt, „daß beim Roulett die Unbestimmtheit rein operationell, aber nicht wesentlich ist", so scheint er zu übersehen, daß die Gesetze der Mechanik und die Gesetze des Zufalls *nicht das gleiche Phänomen betreffen.* Die Gesetze der Mechanik sind die eines individuellen Rouletteinsatzes, während die Gesetze des Zufalls die einer sehr langen Folge von Rouletteinsätzen sind (oder einer sehr langen Reihe von eventuell heterogenen Zufallsversuchen, zu denen u. a. der individuelle Rouletteinsatz gehört). Es sind also Gesetze mit sehr ausgeprägt spezifischem Charakter, der von den spezifischen Gesetzen der ihm zugrunde liegenden individuellen Phänomene fast unabhängig ist, denn diese können in der Tat verschiedenster Art sein, ohne daß die Form der Zufallsgesetze dadurch verändert würde.[2]

Es kommt also darauf an, den wissenschaftlichen Begriff des Zufalls und die philosophische Kategorie der Kontingenz zu unterscheiden. Der erstere wird auf kollektive Prozesse angewandt, bei denen notwendig Kompensationen zwischen den Merkmalen der individuellen Prozesse eintreten. Auf ihn und nur auf ihn beziehen sich die Begriffe des Ereignisses, der Wahrscheinlichkeit oder auch der Begriff der Information. Die Kategorie der Kontingenz betrifft *absolut neue Prozesse*, die (*folglich*) *ohne Gesetz* sind.

Das Auftauchen absolut neuer Prozesse ist eine repetitive (sich wiederholende) Tatsache, die sehr oft festgestellt wurde und folglich wissenschaftlich gesichert ist. Wir glauben kaum, daß es über diesen Punkt mit Monod Meinungsverschiedenheiten geben wird. Das erste Auftauchen des Lebens gehört ohne Zweifel in diese Kategorie, ob sich dieses erste Auftauchen in der Folge wiederholte oder nicht. Wir werden auch keineswegs bestreiten, daß ein absolut neuer Prozeß *zu Anfang* ein Prozeß ohne Gesetze ist (zwar abhängig von den Gesetzen anderer Prozesse, aber ohne spezifische Gesetze). Verhielte es sich anders, müßten ihm seine Gesetze in irgendeinem Gedankenhimmel vorausgehen, was kein Materialist annehmen kann (und es wäre interessant, von J. Monod zu erfahren, ob sein Platonismus so weit geht). Aber *bleibt* ein ohne spezifische Gesetze entstandener Prozeß ohne spezifische Gesetze? Das scheint J. Monod anzunehmen, wenn er schreibt: „Der Mensch muß endlich aus seinem jahrtausendealten Traum aufwachen, um seine totale Einsamkeit, seine radikale Fremdheit zu entdecken. Er weiß von nun an, daß er sich wie ein Zigeuner am Rande des Universums befindet, in dem er leben muß. Ein Universum, das für seine Musik taub ist, das seinen Hoffnungen wie seinen Leiden oder seinen Verbrechen gegenüber gleichgültig ist.

Wer definiert aber dann das Verbrechen? Wer urteilt über Gut und Böse?" (Vgl. Dostojewski: Gäbe es Gott nicht, wäre alles erlaubt.)

Wenn wir diesen Absatz richtig verstehen, bedeutet er, daß nach Ansicht J. Monods das Leben und später die Menschheit, da sie unter Bedingungen reiner Kontingenz, ohne Gesetz, entstanden sind, für immer das Zeichen dieses „illegalen, gesetzlosen" Ursprungs tragen und verurteilt sind, am Rande des Gesetzes zu leben. Da sie das Gesetz nicht *von außen* erhalten, sind sie dazu verurteilt, dieses durch „eine moralische Regel, eine *Disziplin*" zu substituieren, die den Platz des Gottes Iwan Karamasows einnimmt: „... das Postulat der Objektivität als Bedingung einer wahren Erkenntnis setzen, ist eine ethische Wahl und nicht ein Erkenntnisurteil, da es nach dem Postulat selbst keine ‚wahre' Erkenntnis geben konnte, die dieser willkürlichen Wahl vorausging ..."

Dennoch bleibt die Überlegung unausgesprochen, die die ethische Grundlage der Wissenschaft aus der Kontingenz des Ursprungs des Wissenschaftlers ableiten würde, und man sieht in der Tat nicht ein, was ihre Triebfedern sein könnten.

Es wird hier verkannt, daß die Gesetze eines neuen Typs von Prozessen sich *gleichzeitig mit ihm* herausbilden. Das theoretische Vorgehen J. Monods ist *reduktionistisch*. Genauso wie er die Gesetze des Zufalls als spezifische Gesetze kollektiver Phänomene auf die der individuellen Phänomene, die ihnen zugrunde liegen, reduziert, ebenso wie er den chemischen Charakter der biologischen Prozesse überbewertet, so neigt er sogar in einem noch größeren Maße dazu, die Gesetze der menschlichen Gesellschaften auf die Biologie ihrer Individuen zu reduzieren und Moral und Wissenschaft ausschließlich auf ihren „Überlebenswert" zu gründen, wobei er verkennt, daß sie vor allem gesellschaftliche Phänomene sind.

Damit soll nicht gesagt werden, daß man in spezifischen Prozessen das Wirken von für diese Prozesse unspezifischen Gesetzen, die allgemeinere Prozesse umfassen, nicht wiederfinden könnte. Es ist ohne Zweifel außerordentlich interessant, in der Biologie chemische Phänomene und das Wirken thermodynamischer Gesetze zu entdecken. Es ist gewiß richtig, daß die gesellschaftlichen Prozesse unter manchen Aspekten dazu beitragen, die Überlebenschancen der Gattungen zu verstärken, die ihre Grundlage bilden, und daß sie somit eine unbezweifelbare biologische Bedeutung erhalten. Aber es befindet sich notwendigerweise in den gesellschaftlichen Prozessen etwas, das nicht zu den Gesetzen der Biologie gehört, und eben dieses „Etwas" ist es, das sie *wesentlich* als gesellschaftliche Prozesse konstituiert.

Man könnte den Eindruck haben, daß J. Monod, obwohl er Laplace bekämpft, letztlich Opfer der gleichen Problematik bleibt: die der reinen Erkenntnis, die auf ein universelles und ewiges Gesetz gerichtet ist; nur daß für ihn einfach das Gesetz, das nicht „völlig" universell, aber dennoch ewig ist, eine Leere bestehen läßt, oder, wollte man ein vom angelsächsischen Empirismus bevorzugtes Wort benutzen, ein „gap", das allein von der Ethik ausgefüllt werden könnte.

Pierre Jaeglé

Entropie — Information — Invarianz

Jacques Monod ist der Meinung, daß die Biologie für den Menschen die „signifikanteste" aller Wissenschaften sei. Er greift in vielen Abschnitten seines Buches auf die Physik zurück, um die Bedeutung seiner eigenen Wissenschaft herauszustellen. Unter anderem deswegen interessiert uns sein Werk. Die physikalischen Gesetze der Erhaltung oder der Invarianz ebenso wie die Thermodynamik, die von ihm auf biologische Systeme angewandt werden, nehmen in seinen Darstellungen einen bedeutenden Raum ein. Von ihnen aus gelangt er zu Ideen wie: das „DNS Protein-System trotzt jeder ‚dialektischen' Beschreibung" und „in der Wissenschaft gibt es jetzt wie in Zukunft ein platonisches Element, das man nicht aus ihr entfernen kann, ohne sie zu verfälschen".

Sein Versuch ist nicht der erste; bedeutende Physiker wie Brillouin und Schrödinger haben sich mit diesen Problemen beschäftigt. Das zeigt, wie interessant diese schwierigen und offenen Fragen sind.

Der Anteil des Zufalls

Jacques Monod schreibt etwa in der Mitte seines Buches: „Der Inhalt des Begriffs des Zufalls ist nicht einfach, und das Wort selbst wird in sehr verschiedenen Situationen benutzt." Diese zutreffende Meinung schließt eine mehrmals wieder aufgegriffene Formel nicht aus. Diese setzt die Eigenschaft der lebenden Zellen, sich identisch zu reproduzieren, in Beziehung zum Begriff der „Erhaltung des Zufalls". Es sei bemerkt, daß dagegen für Schrödinger das Leben „partiell auf der bestehenden Ordnung, die erhalten wird", gegründet ist. („Was ist Leben?")

Es gibt also zwei sich scheinbar ausschließende Möglichkeiten, die Dinge zu sehen. Dennoch enthalten beide ein Teil Wahrheit, da sich die erhaltende Ordnung zufällig konstituieren konnte. Die dialektische Betrachtung, die Jacques Monod ablehnt, „integriert" mit Vorzug Widersprüche solcher Art.

Wichtig ist, daß im Denken Jacques Monods der „Zufall" eine hervorragende Rolle spielt. Nun finden aber die Gesetze des Zufalls ihren treffenden Ausdruck in der Wahrscheinlichkeitsrechnung, die auf makroskopische Systeme angewandt wird. Diese schließen eine sehr große Zahl von Elementen ein, von denen sich jedes nach seinem eigenen Gesetz bewegt. Sind diese Elemente den Gesetzen der klassischen Mechanik unterworfene Partikel (die Koordinaten, Geschwindigkeiten, Energien haben), dann ist die Untersuchung der statistischen Eigenschaften der Systeme, die viele von ihnen enthalten, Gegenstand des Teiles der Physik, den man Thermodynamik nennt.

Aber nicht jedes statistische System ist thermodynamischer Natur. Die Wahrscheinlichkeitsrechnung kann auf Systeme wie die Lotterie, Setzen bei Pferderennen oder auch Skat und Poker angewandt werden. Diese Systeme bestehen aus der Zahl der verkauften Lose, der Wett-Teilnehmer oder der im Spiel befindlichen Karten. Sie sind nicht thermodynamisch, da das Verhalten ihrer Elemente von den Spielregeln und nicht von physikalischen Gesetzen bestimmt wird.

Das zeigt, inwieweit das Wort Zufall „in sehr verschiedenen Situationen" benutzt werden kann, wie Jacques Monod schrieb. Es sei hinzugefügt, daß beim gegenwärtigen Stand unserer Kenntnisse die Gesetze der Thermodynamik auf die thermodynamischen Systeme im eigentlichen Sinne angewandt werden. Ihre Ausdehnung auf ein beliebiges statistisches System bringt Probleme von großer Komplexität mit sich und ist oft nur durch Analogien formellen Charakters möglich. Jacques Monod benutzt gern Ausdrücke wie: „innerhalb des Organismus besitzen spezialisierte Zellen . . . die – einmalige – Eigenschaft, auf einem genau definierten Teil der genetischen Segmente ‚Roulett zu spielen'". Er bezieht sich auch gern auf den zweiten Hauptsatz der Thermodynamik, um die Entwicklung lebender Organismen zu erklären. Das scheint darauf hinzuweisen, daß er diese Unterscheidungen für wenig wichtig hält oder diese Probleme als gelöst betrachtet.

Entropie und Information

Wir haben den für die statistische Theorie äußerst wichtigen Begriff der Wahrscheinlichkeit erwähnt. Einerseits besteht eine Beziehung zwischen diesem Begriff und der thermodynamischen Größe, die man Entropie nennt; andererseits gibt es für ein beliebiges statistisches System auch eine Beziehung zwischen Wahrscheinlichkeit und einer Größe, die *Information* genannt wird.

Betrachten wir näher, worin diese Beziehungen bestehen.

In der Thermodynamik untersucht man die Wahrscheinlichkeit eines Systems, dessen konstituierende Elemente den Gesetzen der Mechanik gehorchen und das sich in einem bestimmten „Zustand" befindet. Unter „Zustand" versteht man zum Beispiel einen bestimmten Wert der Gesamtenergie oder die Verteilung der Temperaturen und Drücke innerhalb dieses Systems. Die „thermodynamische" Wahrscheinlichkeit solcher Zustände kann auf relativ einfache Weise statistisch berechnet werden.

Der Logarithmus dieser „thermodynamischen" *Wahrscheinlichkeit* ist nichts anderes als die *Entropie* des Systems (bis auf eine multiplikative Konstante, die Boltzmannsche Konstante, die die Entropie als das Verhältnis einer Wärmemenge zu einer Temperatur zu betrachten gestattet). Sagt man, die Entropie eines Systems nimmt zu, dann heißt das nichts weiter, als daß dieses System sich zu immer wahrscheinlicheren Zuständen hin entwickelt. Dies sei durch ein einfaches Beispiel erläutert: Sie haben einen Reifen Ihres Wagens aufpumpen lassen. Im Schlauch bewegen sich die Gasmoleküle in alle Richtungen. Nichts spricht im Prinzip dagegen, daß eine hinreichend große Zahl sich in die gleiche Richtung bewegt. Es könnten so Druckunterschiede zwischen verschiedenen Stellen des Reifens entstehen. Jeder Fahrer weiß, daß das nicht geschieht, wenn der Wagen steht, und daß solche Unterschiede sich nur flüchtig während der auf vielen unserer Straßen unvermeidlichen Erschütterungen bemerkbar machen; das heißt, daß eine gleiche Verteilung der Moleküle im Schlauch viel wahrscheinlicher ist als die gegensätzliche Situation oder, physikalisch gesprochen, daß die Entropie der Zustände, in denen der Druck gleichförmig ist, größer ist als die der Zustände, in denen er von einem Ort zum anderen variiert.

Im Falle der nichtthermodynamischen statistischen Systeme

kann man genausogut die Wahrscheinlichkeiten definieren: Gewinnchancen bei der Lotterie oder beim Roulett – an das uns das von Jacques Monod gewählte Bild erinnert – oder auch beim Pokern. Der Logarithmus dieser Wahrscheinlichkeit wird in diesem Falle als „Information" bezeichnet (auch hier bis auf eine multiplikative Konstante, die im allgemeinen als – 1 angenommen wird). Ein einfaches Beispiel soll zeigen, wie dieser Informationsbegriff in formeller Hinsicht gerechtfertigt ist: Nehmen Sie einen Würfel mit sechs Flächen, und nehmen wir an, daß Sie die Zeichen auf diesen Flächen nicht kennen. Beim Würfelwurf hat jede Seite eine Chance 1:6, „geworfen zu werden" und Sie über das Zeichen, das sie trägt, zu „informieren". Ein Würfelspiel von sechs möglichen hat Ihnen eine Information geliefert. Der jüngsten Entwicklung der elektronischen Rechenmaschinen, der Automatisierung und der Telekommunikation verdanken wir die Informationstheorie, die sich auf die Wahrscheinlichkeitsrechnung stützt.

Nach diesen Erläuterungen können wir verstehen, wie die Begriffe Entropie (oder negative Entropie) und Information gegeneinander ausgetauscht werden können. Aber wenn sich auch keine besonderen Schwierigkeiten ergeben, wenn man die thermodynamische Entropie mit der Information, die im System enthalten ist, verbindet, d. h. mit der Kenntnis der Koordinaten und Geschwindigkeiten der Partikel, so muß man umgekehrt mit außerordentlicher Vorsicht die Gesetze der Entropie-Variationen, die von der Thermodynamik aufgestellt werden, auf die Information im allgemeinen Sinne anwenden. Denn die thermodynamischen Systeme unterliegen einer besonderen Statistik, die unter dem Namen Boltzmannsche Statistik bekannt ist und die bis zum Nachweis des Gegenteils nicht auf alle statistischen Systeme anwendbar ist.

Eine Maschine, mit der man in der Zeit zurückgehen kann?

Es scheint uns, daß sich aus der Arbeit Jacques Monods folgende Frage ergibt: Wie groß ist der Anteil der globalen Information (von der er erklärt, daß sie in der Reproduktion der lebenden Zellen bewahrt wird), die thermodynamischer Natur ist? Das Bild der Zellen, die auf den genetischen Segmenten

„Roulett spielen", trägt nicht dazu bei, diesen Punkt zu erhellen. Führt die Anwendung des zweiten Hauptsatzes der Thermodynamik auf diese globale Information zu neuen Erkenntnissen oder zur Verwirrung? Wir möchten nicht vorschnell urteilen.

Jedenfalls führt sie Jacques Monod zu einem bemerkenswerten Absatz seines Buches, der trotz seiner Länge in extenso zitiert zu werden verdient: „Die Evolution in der Biosphäre ist also ein notwendig irreversibler Prozeß, *der eine Richtung in der Zeit festlegt*; diese Richtung ist *die gleiche*, die durch das Gesetz der Entropiezunahme, das heißt den zweiten Hauptsatz der Thermodynamik, vorgeschrieben wird. Das ist viel mehr als ein bloßer Vergleich. Der zweite Hauptsatz und die Irreversibilität der Evolution beruhen auf *identischen* statistischen Überlegungen. Es ist in der Tat *legitim, die Irreversibilität der Evolution als Ausdruck des zweiten Hauptsatzes in der Biosphäre zu betrachten.* Der zweite Hauptsatz formuliert nur eine statistische Voraussage und schließt selbstverständlich nicht aus, daß ein beliebiges makroskopisches System in einem quasi statischen Prozeß und für sehr kurze Dauer dem Gefälle der Entropie entgegen wieder aufsteigen, das heißt, in gewisser Weise in der Zeit zurückgehen könnte. Bei den Lebewesen sind es gerade diese einmaligen und flüchtigen Bewegungen, die, vom replikativen Mechanismus aufgefangen und reproduziert, von der Selektion zurückgehalten wurden. In diesem Sinne stellt die selektive Evolution, die auf die Auswahl seltener und wertvoller, neben einer Unzahl anderer im riesigen Vorrat des mikroskopischen Zufalls enthaltener Störungen begründet ist, eine Art Maschine dar, mit der man in der Zeit zurückgehen kann."

Wir möchten zu diesem Absatz zwei Bemerkungen machen. Es sei zunächst im Interesse des Lesers erläutert, daß nach dem hier erwähnten zweiten Hauptsatz die Entropie eines abgeschlossenen Systems nur bis zu einem maximalen Wert zunehmen kann, um dann konstant zu bleiben. Wir sagten bereits, daß die Entropiezunahme mit dem Übergang zu immer wahrscheinlicheren Zuständen identisch ist. In einem abgeschlossenen System bedeutet das Streben nach einem Maximum nichts weiter, als daß das ursprüngliche, nicht im Gleichgewicht befindliche System (z. B. weil eine Temperaturschwankung zwischen zwei Punkten geschaffen wurde), wenn es sich selbst überlassen wird (in diesem Sinne ist es abgeschlossen), zu einem Gleichgewichtszustand tendiert (in dem die Temperatur überall die gleiche sein wird).

Hier schließt sich unsere erste Bemerkung an. Die Biosphäre ist kein abgeschlossenes System, da sie fast die Gesamtheit ihrer Energie von der Sonne bezieht. Dagegen kann unter Umständen das System Biosphäre „+ Sonne" als ein abgeschlossenes System betrachtet werden, da alle anderen Energiequellen sehr weit entfernt sind. Führt die Anwendung des zweiten Hauptsatzes auf dieses System nicht zum einfachen und trivialen Schluß, daß das Erlöschen der Sonne das Ende des Lebens auf der Erde bedeuten würde, wenn nicht Ersatzenergiequellen erschlossen würden? Aber das ist nur eine Randbemerkung, die darauf hinweisen soll, wie verschieden beim gegenwärtigen Stand der Dinge die Extrapolation der Anwendung des zweiten Hauptsatzes auf Gebiete, für die (wie wir anerkennen) die experimentelle Überprüfung schwierig ist, interpretiert werden kann.

Doch am zitierten Absatz aus „Zufall und Notwendigkeit" fällt uns vor allem der zutiefst dialektische Aspekt auf, unter dem Jacques Monod gegen seinen Willen die Evolution behandelt. Die „irreversible" Evolution, die „eine Richtung in der Zeit definiert", ist nur möglich durch die „seltenen und wertvollen Zwischenfälle", denen ein „Abnehmen der Entropie" entspricht, das heißt ein „Zurückgehen in der Zeit". Wie könnte man besser den dialektischen Gedanken der Bewegung und der Entwicklung als Lösung des Widerspruchs illustrieren (hier Widerspruch zwischen Irreversibilität und Reversibilität, zwischen Entropiezunahme und Entropieabnahme, zwischen Ablauf der Zeit und Zurückgehen in der Zeit)?

Zum zweiten Hauptsatz der Thermodynamik

Es scheint uns übrigens interessant, die Bedeutung des zweiten Hauptsatzes, wie sie im Anhang IV von „Zufall und Notwendigkeit" dargestellt wird, mit den Bemerkungen des berühmten sowjetischen Physikers Lew Landau (ebenfalls Nobelpreisträger) zum gleichen Thema zu vergleichen.

Jacques Monod schreibt: „. . . in einem abgeschlossenen

Raum mit gleichbleibender Temperatur, in dem keinerlei Potentialdifferenz mehr besteht, kann auch keine Zustandsänderung stattfinden. Das System ist *im Zustand des thermodynamischen Gleichgewichts.* In diesem Sinne sagt man, daß der zweite Hauptsatz die unvermeidliche Entwertung der Energie innerhalb eines abgeschlossenen Systems wie das Universum vorhersieht." Diese Darstellung scheint darauf hinzuweisen, daß der Autor an der alten und seit der Entdeckung oft bestrittenen Konzeption von Clausius festhält.

Seinerseits schreibt Landau zusammen mit Lifschitz: „Versuchen wir vor allem, die Statistik auf die gesamte Welt anzuwenden und sie dabei als ein einheitliches abgeschlossenes System zu betrachten, so stoßen wir sofort auf einen auffallenden Widerspruch zwischen der Theorie und dem Experiment. Nach den Resultaten der Statistik müßte sich das Weltall im Zustand des vollständigen statistischen Gleichgewichts befinden . . . Die tägliche Erfahrung überzeugt uns indessen davon, daß die Eigenschaften der Natur mit den Eigenschaften eines Gleichgewichtssystems nichts gemeinsam haben, und die astronomischen Daten zeigen, daß das gleiche auch für das unserer Beobachtung zugängliche riesige Gebiet des Weltalls gilt."[1] Nach diesen Autoren kann die allgemeine Relativitätstheorie im Prinzip den genannten Widerspruch lösen. Der Vergleich dieser beiden Gesichtspunkte mag die Leser des besprochenen Werkes dazu anregen, die Frage mit kritischem Geist zu betrachten.

In der Tat hat die Extrapolation des zweiten Hauptsatzes auf dieser Stufe die meiste Tinte in philosophischer Hinsicht fließen lassen. Jacques Monod behauptet seinerseits ohne jede Nuancierung, daß Engels im Namen der Dialektik den zweiten Hauptsatz abgelehnt hätte. Wie verhält es sich wirklich? Zu einer Zeit, deren Entwicklungsstand hinsichtlich der Wissenschaften berücksichtigt werden muß, wandte sich Engels gegen die *philosophische* Konzeption von Clausius, die er wie folgt zusammenfaßte: „Die Weltuhr muß aufgezogen werden, dann läuft sie ab, bis sie ins Gleichgewicht gerät, aus dem nur ein Wunder sie wieder in Gang bringen kann."[2] Und in seiner Einleitung in die „Dialektik der Natur" erklärte er: „Wir kommen also zu dem Schluß, daß auf einem Wege, den es später einmal die Aufgabe der Naturforschung sein wird aufzuzeigen, die in den Weltraum ausgestrahlte Wärme die Möglichkeit haben muß, in eine andre Bewegungsform sich umzusetzen, in der sie wieder zur Sammlung und Betätigung kommen kann. Und damit fällt die Hauptschwierigkeit, die der Rückverwandlung abgelebter Sonnen in glühenden Dunst entgegenstand."[3] Waren diese Konzeptionen, die heute in genauerer Sprache die der Mehrheit der Wissenschaftler sind, nicht dem Denken ihrer Epoche voraus?

Zu den Erhaltungssätzen und den Gesetzen der Dialektik

Der andere physikalische Begriff, auf den Jacques Monod oft zurückgreift, ist der der Erhaltung oder Invarianz, den er auf die Information anwendet. Wir lesen, daß man als bemerkenswerte Eigenschaft der lebenden Objekte „die Fähigkeit, die ihrer eigenen Struktur entsprechende Information *ne varietur* zu übertragen", beobachten kann. „Es handelt sich um eine sehr reiche Information, da sie eine außerordentlich komplexe Organisation beschreibt, die von einer Generation zur nächsten voll bewahrt wird. Wir werden diese Eigenschaft" – fügt Jacques Monod hinzu – „mit dem Namen der *invarianten* Reproduktion oder einfach der Invarianz bezeichnen". Etwas später wird der Gedanke ausgedrückt, daß die reproduktive Invarianz im Prinzip quantitativ definiert werden kann: „Da es darum geht, eine Struktur hohen Ordnungsgrades zu reproduzieren, und da der Ordnungsgrad einer Struktur in Informationseinheiten definiert werden kann, werden wir sagen, daß der ‚Invarianzinhalt' einer gegebenen Gattung gleich der Informationsmenge ist, die, von einer Generation zur nächsten übertragen, die Erhaltung der spezifischen Strukturnorm sichert."

Diese Idee stellt den Versuch dar (trotz der zu erwartenden Schwierigkeiten, wenn man die prinzipielle These überschreiten will), die physikalischen Gesetze der Erhaltung der Biologie anzupassen, und wir sehen keinen Anlaß, sie von vornherein abzuweisen. Aber wir wiesen bereits darauf hin, daß die Begriffe der Erhaltung und Invarianz für Jacques Monod eine echte antidialektische Speerspitze darstellen. Wir lesen zum Beispiel im Kapitel „Invarianz und Störungen", daß es „in der Struktur des Universums starre thermodynamische Systeme gibt" und daß „in der unendlichen Vielfalt der einzelnen Erscheinungen die Wissenschaft nur die invarianten suchen kann". Es entsteht also eine Beziehung zwischen dem Gedanken der Invarianz und dem der „starren thermodynamischen Systeme", was beweisen würde, daß Platon die Dinge besser sah als Heraklit, Hegel und Marx.

Wir werden nicht die Frage diskutieren, ob die Wissenschaft tatsächlich nur Invariante suchen kann. Das kann so einfach nicht sein, denn um das Konstante zu finden, muß man zunächst fragen, was in Abhängigkeit wovon variiert. Darin besteht im wesentlichen die Arbeit des experimentellen Physikers.

Es scheint uns wichtig, zu verstehen, daß Erhaltung oder Invarianz nicht von Veränderung und Austausch getrennt werden können. Dafür einige Beispiele. Das bekannteste Erhaltungsgesetz ist ohne Zweifel der Energieerhaltungssatz. Man kann ihn durch die Verwandlung der Energie eines Wasserfalls in elektrische Energie veranschaulichen. Zu Beginn haben wir das Wasser oberhalb der Fabrik; am Ende haben wir den elektrischen Strom. Es liegt also die Verwandlung einer physikalischen Erscheinung (das Wasser fließt in der Leitung und bewegt eine Turbine) in eine andere vor (der elektrische Strom fließt in den Drähten). Aber die mechanische Energie des bewegten Wassers ist gleich der elektrischen Energie, die am Ausgang der Fabrik aufgefangen wird (bis auf einige Verluste). Es liegt also Erhaltung der Energie vor, aber dieser Begriff hat nur einen Sinn, weil eine Verwandlung von einer Energieform in eine andere stattfand. Dieses einfache Beispiel zeigt, daß das universellste der bisher bekannten Erhaltungsgesetze nicht nur einer „dialektischen Beschreibung" widerspricht, sondern im Gegenteil die Methode bestätigt, die Dinge unter dem Blickwinkel der Einheit der Gegensätze zu betrachten (Verwandlung einerseits, Erhaltung andererseits, wobei beide Seiten untrennbar sind).
Wir können andere Beispiele erwähnen. Die Billardspieler wenden die Gesetze der Erhaltung des Impulses und der Energie ebenso an, wie Herr Jourdain Prosa schrieb, ohne es zu wissen. Das Aufeinanderprallen zweier Kugeln verändert ihren Weg, und nimmt man der Einfachheit halber an, daß die Kugeln die gleiche Masse haben, so sagt der Impulserhaltungssatz, daß die Summe der Geschwindigkeiten (im vektoriellen Sinne) gleich der Summe der Geschwindigkeiten nach dem Zusammenprall ist. Wiederum ist die Invarianz (des Impulses) untrennbar von

der Veränderung (Geschwindigkeit und Richtung jeder Kugel).

Es würde zu lange dauern, alle heute der Physik bekannten Erhaltungsgesetze zu betrachten. Einige sind absolut in dem Sinne, daß man keine Ausnahmen kennt, andere können verletzt werden, denn sie wirken nur bei bestimmten Kategorien von Wechselwirkungen. Aber es gibt keinen Fall, bei dem die Invarianz sich außerhalb einer Verwandlungsoperation auswirken könnte, das heißt, ohne daß im dialektischen Sinne die Einheit der Gegensätze verwirklicht wäre.

Dennoch ist der Versuch Jacques Monods, das, was bei der Reproduktion der lebenden Zellen erhalten wird, quantitativ auszudrücken, voller Reiz, und sein Erfolg könnte uns nur freuen. Aber wenn der gegenwärtige Stand der Forschungen auf diesem Gebiete der von Jacques Monod dargelegte ist, scheinen wir davon noch weit entfernt zu sein. In der Tat fanden wir einen Absatz, der schwer einzusehen ist. Einerseits ist dort die Rede vom „Invarianzgehalt, der die Gattung charakterisiert" und der beim Menschen viel reicher und komplexer ist als bei den anderen Lebewesen, und andererseits von einem genetischen Invarianzgehalt, von dem gesagt wird, „hier liegt der wichtige Punkt, der genetische Invarianzgehalt ist ungefähr der gleiche bei der Maus und beim Menschen (tatsächlich bei allen Säugetieren)". Jacques Monod schließt daraus, daß er zwei unterschiedliche Größen definiert hat. Sehr schön! Aber diese beiden Größen sind in den gleichen Informationseinheiten definiert, und in der Physik werden bekanntlich zwei Größen nicht unterschieden (bzw. nur quantitativ), wenn sie in den gleichen Einheiten definiert werden. Energie ist immer Energie, wie groß auch ihre Menge sein möge!

Wie soll man das also verstehen? Gibt es zwei Invarianzgesetze, was sich aus der Existenz zweier verschiedener Größen, die jede ihr Gesetz haben, ergeben würde? Aber im physikalischen Sinne ist die Antwort negativ, da eine Unterscheidung zwischen zwei Größen nur vorliegt, wenn diese in verschiedenen Einheiten gemessen werden. Oder gibt es nur ein Invarianzgesetz, das auf zwei verschiedene biologische Prozesse anzuwenden wäre? Das wäre vollstellbar, aber das ist es nicht, was Jacques Monod sagt. Die Frage bleibt also offen.

Obwohl wir nur den Teil der Probleme untersuchten, für die ein Physiker sich relativ kompetent fühlen kann, sahen wir, daß es sich hier sowohl um eine interessante wissenschaftliche Darstellung, die (wie der Autor zugeben wird) Anlaß zur Diskussion gibt, wie um eine philosophische Reaktion, die dem Autor eigen ist, handelt. Er spricht der Dialektik jede wissenschaftliche Rolle ab, obwohl er sich selbst mitunter als Dialektiker erweist.

Jacques Ninio

Betrachtungen eines Biologen

Das Buch Jacques Monods stellt die Grundprinzipien der Molekularbiologie dar, indem es von den bekannten Gebieten zu den Grenzen des Wissens schreitet. Bei jedem Schritt bemüht sich der Autor, erstens die Beziehung dieser Prinzipien zu denen der Physik und zweitens ihre Auswirkung auf die Konzeption, die sich der Mensch von sich selbst machen kann, herauszuarbeiten. Wir behandeln den ersten Aspekt.

Dem Buch „Zufall und Notwendigkeit" gingen mehrere Werke hervorragender Gelehrter voraus, in denen die Beziehungen der Biologie zu den physikalischen Wissenschaften untersucht werden.[1] Insbesondere scheint es ein Gegenstück zur kleinen Sammlung von Vorlesungen zu sein, die Crick[2] unter dem Titel „Von den Molekülen und den Menschen" (Of Molecules and Men) veröffentlichte. In diesem Buch beginnt Crick mit einer Diskussion der Eigenschaften, die das Lebende vom Nichtlebenden unterscheiden. Er fragt nach der Möglichkeit, einen Algorithmus zu entwickeln, mit dem die mit Leben begabten Gegenstände erkannt werden könnten. In seinem ersten Kapitel greift Jacques Monod diese Diskussion in phantastischer Form auf: er stellt sich ein automatisches Fahrzeug der NASA vor, das auf dem Planeten Mars landet und den Auftrag hat, Auskunft über das eventuelle Vorhandensein von Leben auf der Oberfläche des Planeten zu geben; dieses theoretische Experiment führt ihn dazu, zwei wesentliche Merkmale der lebenden Organismen hervorzuheben: die reproduktive Invarianz und die Teleonomie. Der erste Begriff ist ziemlich leicht einzusehen. Der zweite umfaßt die Gesamtheit der scheinbar finalistischen Verhaltensweisen der Lebewesen, für die man eine wissenschaftliche Erklärung hat oder zu haben glaubt. Teleonomie ist ein Wort, das manche Biologen aus Schamhaftigkeit anstelle des Begriffs Teleologie benutzen, um dessen metaphysische Nebenbedeutungen zu umgehen.

Crick kommt zu ähnlichen Schlußfolgerungen wie Jacques Monod und wendet sich den Beziehungen der Physik zur Biologie zu. Gibt es in der Biologie Prinzipien, die nur erklärt werden können, wenn man auf bisher unbekannte und auf die träge Materie nicht anwendbare physikalische Gesetze zurückgreift? Crick setzt sich detailliert mit den vitalistischen Physikern Elsässer und Polanyi, die diese Frage bejahend beantworten, auseinander. Er ist der Meinung, daß die von der Molekularbiologie gegebenen Erklärungen bisher keine Hilfe seitens der sehr entwickelten Physik brauchen und daß in den meisten Fällen eine gute Kenntnis der chemischen Bindung genügt. Wenn es in der Biologie ein großes Prinzip gibt, das noch nicht seinen Ausdruck in den Gesetzen der Physik fand, so ist es das der natürlichen Zuchtwahl Darwins. Und es ist nicht ausgeschlossen, so nuanciert er, daß eines Tages geniale Theoretiker der Chemie beim Studium der Thermodynamik der offenen Systeme mit Erfolg ein Prinzip des Auftretens replikativer Strukturen entdecken.

Jacques Monod setzt sich ebenfalls mit Elsässer und Polanyi auseinander, und zwar im zweiten Kapitel, wo er die Beziehungen der Physik zur Biologie behandelt. Aber das große Problem der Evolution, das Crick, von Hause aus Physiker, auf nuancierte Weise ausdrückt, glaubt Jacques Monod seinerseits gelöst zu haben. Er stellt in seinem Buch enge Beziehungszusammenhänge zwischen den Prinzipien der allgemeinen Biologie, der Molekularbiologie und der Physik auf.

Seine Darstellung der physikalischen Welt ist ziemlich einfach. Auf der untersten Ebene der Partikeln wie der kleinen Moleküle haben wir es mit dem Zufall, der Unbestimmtheit, „die in der Quantenstruktur der Materie selbst verwurzelt ist", zu tun. Auf diese elementare Unbestimmtheit werden die Gesetze der Physik (Gesetz der Erhaltung oder der Invarianz) angewandt. Schließlich verschmelzen alle Gesetze der Physik in einem großen Evolutionsgesetz, dem zweiten Hauptsatz der Thermodynamik, das die unvermeidliche Entwertung der Energie ausdrückt. In ihrer größten Allgemeinheit wird folglich die Entwicklung der physikalischen Systeme auf mechanistische und lineare, nicht auf dialektische Weise verstanden.

Die gleiche Beschreibung wird auf die Evolutionsgesetze der Lebewesen übertragen. In jedem Individuum ist das genetische Material eine Quelle von Zufall, vor die ein Filter gesetzt wird: der teleonomische, zutiefst konservative Apparat der Zelle (analog zu den Erhaltungsgesetzen in der Physik). Der Zufall im genetischen Material stellt sich in der Tat in der Form kleiner Störungen dar, die auf ein ansonsten invariantes Material wirken. Die unabhängigen Ereignisse, die durch die Kreuzungen, die der geschlechtliche Charakter der Reproduktion möglich macht, akkumuliert und dann neu kombiniert werden, prägen der Biosphäre ihr großes Evolutionsgesetz auf, das mit dem identisch ist, das vom zweiten Hauptsatz der Thermodynamik definiert wird. Wiederum ist die Erklärung linear, mechanistisch, also nicht dialektisch.

Die besonderen Beziehungen zwischen Invarianz und Teleonomie und das sich aus ihnen ergebende Evolutionsgesetz sind auf molekularer Ebene unmittelbar einsichtig. Eine Art von Molekülen, die DNS, sind Träger der Invarianzeigenschaften. Die Teleonomieeigenschaften sind durch die Proteine gegeben, und die Information wird immer von der DNS zum Protein übertragen, niemals umgekehrt: die Zelle ist eine Maschine, in der sich Beziehungen in einer einzigen Richtung herstellen. Folglich trotzt sie jeder dialektischen Beschreibung.

Monod arbeitet auf diese Weise enge Beziehungszusammenhänge zwischen den Prinzipien der Physik und denen der Biologie heraus. Sie sind durch ihre Kohärenz und Einfachheit verführerisch, implizieren jedoch mitunter eine gewisse Entstellung dieser Prinzipien und auch gewisse Freiheiten gegenüber den experimentellen Realitäten. Das System kann schematisch wie folgt dargestellt werden:

Zufall	Notwendigkeit	Irreversibilität der Evolution der makroskopischen Systeme
Invarianz	Teleonomie	Irreversibilität der Evolution in der Biosphäre
DNS	Proteine	Irreversibilität der Übersetzung

Die erste Ebene ist die der Gesetze der Physik, die zweite Ebene die der allgemeinen Gesetze der Biologie und die dritte die der Molekularbiologie. Man könnte sich auch für eine vierte

Ebene interessieren, das Reich der Ideen, für das Gesetze gleicher Form anwendbar wären; aber dieser Aspekt soll hier nicht behandelt werden.

Wir werden in der Folge einige Gedanken genauer betrachten, die Jacques Monod im Umkreis der im Schema dargestellten Schlüsselbegriffe entwickelt.

Der Zufall

Das Buch unterscheidet drei Formen von Zufällen. Die erste ist die des Zufalls beim Roulett, er sei der meßbare Zufall genannt. Die zweite ist die der „absoluten Koinzidenz", zum Beispiel, wenn dem Arzt, Herrn Dupont, der vom Dachdecker, Herrn Dubois, fallengelassene Hammer auf den Kopf fällt. Nennen wir ihn: gesetzloser Zufall. Die dritte wäre die Unbestimmtheit in der Quantentheorie.

Die im Buch gegebenen Definitionen sind interessant durch das, was ihnen fehlt: der Gedanke der Existenz von *Gesetzen des Zufalls.* Man findet zwar das Wort „Gesetz" in Nachbarschaft des Wortes „Zufall": „Man kennt heute Hunderte von Sequenzen, die den verschiedensten Proteinen entsprechen, die aus den verschiedensten Organismen gewonnen werden. Man kann aus diesen Sequenzen und aus ihrem systematischen Vergleich mit Hilfe der modernen Mittel der Analyse und des Rechnens das allgemeine Gesetz ableiten: es ist das des Zufalls."[3]

Man hätte gern in einem Essay über den Zufall in der Biologie einige Bemerkungen über die Formen gefunden, die die Gesetze des Zufalls in dieser Wissenschaft annehmen. Übrigens findet man in „Zufall und Notwendigkeit" nirgends den Versuch einer Darstellung, wie die moderne Wissenschaft den Begriff des Zufalls bereichert hat und welche beachtliche Begriffsbildung von den Mathematikern geleistet wurde, um die moderne Wahrscheinlichkeitsrechnung aufzustellen. Statt dessen liest man Auslassungen über „den reinen Zufall, den einzigen Zufall, die absolute, aber blinde Freiheit selbst an der Wurzel des wunderbaren Gebäudes der Evolution". Die Folge ist, daß der mathematisch nicht gebildete Leser Gefahr läuft, dem Buch eine Konzeption des Zufalls zu entnehmen, die einer metaphysischen Kategorie ähnlicher ist als einem wissenschaftlichen Begriff.

Eine Form des Zufalls, der J. Monod großen Raum widmet, ist die der Quantenunbestimmtheit. Bekanntlich gibt es in der Quantenmechanik ein Prinzip der Unbestimmtheit des Maßes, das die Unmöglichkeit ausdrückt, mit unendlicher Genauigkeit gleichzeitig die Geschwindigkeit und die Position einer Partikel in einem gegebenen Moment zu messen: Das Minimalprodukt der Ungewißheiten über zwei konjungiert genannten Variablen ist eine Grundkonstante der Physik. Die Unbestimmtheitsrelation, die von Heisenberg dargestellt wurde, verhalf vielen Wissenschaftlern dazu, in ihrer deterministischen Weltsicht eine Lücke zu öffnen, durch die Gott schlüpfen konnte. Für einige handelt es sich um eine wesentliche Unschärfe, die nicht auf den Zufall des Rouletts zurückgeführt werden kann. Für andere wiederum gibt es „verborgene Parameter", die die Physik bisher noch nicht aufklären konnte. J. Monod, der eine entschlossen materialistische und atheistische Haltung einnimmt, solange er im wissenschaftlichen Bereich bleibt, läßt erkennen, daß er die erste Interpretation der Unschärferelation vorzieht. Er gibt dafür ein Anwendungsbeispiel aus der Biologie: „Schließlich gibt es im mikroskopischen Bereich eine noch radikalere Quelle von Unschärfe, die in der Quantenstruktur der Materie selbst verwurzelt ist. Nun ist eine Mutation an sich ein mikroskopisches, ein Quantenereignis, auf das folglich das Unschärfeprinzip anwendbar ist. Es is also ein durch seine Natur selbst *wesentlich* unvorhersehbares Ereignis."

Das Beispiel scheint ziemlich schlecht gewählt, denn die fraglichen Mutationen sind eher durch ein chemisches Phänomen zu erklären, das der keto-enolischen Tautomerie, in der ein Molekül zwei mögliche Anordnungen verschiedener Energien besitzt und unter dem Einfluß verschiedener Faktoren von der einen zur anderen übergeht; die Verteilung der zwei Zustände hängt u. a. von der Temperatur ab. Man hat einige Schwierigkeiten, J. Monod in seinen Betrachtungen zu folgen.

Die Prinzipien der Quantenmechanik werden andernorts benutzt, um ein Phänomen größten Interesses – vor allem wegen der Theorie, die es hervorrief – zu erklären: das Altern.

Betrachten wir zunächst das physikalische „Modell", das Monod anbietet: „Die Physik lehrt uns, daß jedes mikroskopische

System (ausgenommen am absoluten Nullpunkt, der unerreichbaren Grenze) Störungen im Quantenbereich erleidet, deren Akkumulation innerhalb eines makroskopischen Systems graduell, aber unfehlbar dessen Struktur verändern wird."[4] Nun folgt die Anwendung dieses Gesetzes, das die Quantenphänomene mit der Zunahme der Unordnung verbinden würde, auf das Phänomen des Alterns: „Die Lebewesen entgehen trotz der konservativen Perfektion der Maschinerie, die die Genauigkeit der Übersetzung sichert, nicht diesem Gesetz. Das Altern und der Tod der mehrzelligen Organismen erklären sich wenigstens zu einem Teil durch die Akkumulation akzidenteller Übersetzungsfehler, die insbesondere manche der Komponenten verändern, die für die Genauigkeit der Übersetzung selbst verantwortlich sind. Diese lassen wiederum die Häufigkeit der Fehler zunehmen, die nach und nach unvermeidlich die Struktur dieser Organismen zerstören." Als diese Theorie des Alterns entwickelt wurde, hütete sich ihr Autor, Orgel, von Quantenstörungen zu sprechen: Es ist auch schwer einzusehen, daß sich „Quantenstörungen" in den Zellen mehrzelliger Organismen und nicht in denen der Einzeller akkumulieren können. Diese Theorie des Alterns ist von immenser Bedeutung für die Diskussion der Probleme der abiogenen Evolution. Tatsächlich postulieren zahlreiche Autoren, daß die entfernten Vorfahren der gegenwärtigen Zellen möglicherweise nicht sehr getreue Übersetzungssysteme hatten und folglich Fehler auftraten. Folgt man Orgel, so ergibt sich der praktische Schluß: Man kann unmöglich annehmen, daß sich solche Systeme während so vieler Generationen reproduzieren konnten, daß die natürliche Zuchtwahl sich auszuwirken Zeit hatte. Hier liegt einer der Steine des Anstoßes in den Molekulartheorien über die Ursprünge des Lebens.[5]

Die Notwendigkeit

Unter dieser Überschrift kann man die Konzeption untersuchen, die im Buch J. Monods über die Natur wissenschaftlicher Gesetze und wissenschaftlicher Erkenntnis deutlich wird. Wenn wir im Bereich der Biologie bleiben, stellen wir fest, daß J. Monod der Aktivität der Proteine die Rolle universeller Erklärung zuspricht: „Die *ultima ratio* aller teleonomischen Strukturen und Ausbildungen der Lebewesen ist also in den Grundsequenzen der Polypeptidketten eingeschlossen. Sie bilden die ‚Embryonen' dieser biologischen Dämone Maxwells, die Globuline. Wenn es ein Geheimnis des Lebens gibt, so liegt es in einem sehr realen Sinne auf dieser Ebene der chemischen Organisation. Und könnte man nicht nur die Sequenzen beschreiben, sondern auch das Gesetz ihres Zusammenhanges nennen, so wäre das Geheimnis gelüftet, die ultima ratio entdeckt."

Der in diesem Absatz dargestellte Gesichtspunkt ist der der Molekularbiologie selbst: Diese Disziplin stellt sich das Ziel, die biologischen Erscheinungen durch die Eigenschaften der Moleküle, die in ihnen enthalten sind, zu erklären. Es ist normal, daß den Proteinen aus Gründen, die im Buch sehr gut erklärt werden, ein bedeutender Platz zukommt. Dennoch kann uns die Darstellung nicht befriedigen, denn die Geschichte der Wissenschaften zeigt häufig, daß ein für eine Epoche kohärenter und befriedigender Gesichtspunkt in der Folge völlig überholt sein kann. François Jacob bemüht sich, in der „Logik des Lebenden" zu zeigen, wie sich die Biologie in ihrer Betrachtung des Lebenden entwickelt hat. Er schließt daher nicht aus, daß in einer nahen Zukunft der molekulare Gesichtspunkt nicht mehr seine heutige zentrale Stellung einnehmen wird.

Ein besonderer Fall, bei dem eben in einer sehr vorgeschrittenen Disziplin ein molekulares Herangehen und ein nichtmolekulares Herangehen die Spezialisten in zwei Lager trennt, ist die Morphogenese oder, um einen vielleicht verständlicheren Ausdruck zu benutzen, die embryonale Entwicklung. Nach der Befruchtung entsteht aus einem Ei durch aufeinanderfolgende Teilungen und Differenzierungen ein Individuum, das strengen Formkriterien genügt: Es hat zwei Augen, zwei Hände (oder zwei Flügel), ein Herz, fünf auf diese oder jene Weise angeordnete Finger usw. Wie man diese Genesis der Form erklären kann, ist das Problem der Morphogenese. Ein besonders interessantes Herangehen an diese Art von Fragen verdanken wir dem berühmten französischen Mathematiker René Thom. Die zutiefst neuen Konzeptionen von Thom verdienten, daß die Erkenntnistheoretiker sich für sie interessieren. Aber es ist unmöglich, sie im Rahmen dieses Artikels zu entwickeln. Wir werden uns damit begnügen, ein Bild dieses mathematischen Herangehens an die Morphogenese zu geben.

Nehmen wir ein sehr einfaches Beispiel, das der Gleichung dritten Grades:

$$x^3 - \lambda x = 0$$

wobei λ ein reeller, auf kontinuierliche Weise veränderlicher Parameter sein soll. Wenn er von den negativen Werten zu den positiven übergeht, erhält die Gleichung, die zunächst eine reelle und einzige Wurzel hatte, plötzlich drei. Der Parameter λ kann zufällig variieren und alle beliebigen reellen Werte annehmen; die Natur der Gleichung, in der er enthalten ist, führt notwendig zu maximal zwei Typen möglicher Situationen: eine reelle Wurzel oder drei. Eine kontinuierliche Variation von λ zieht eine diskontinuierliche Variation der Anzahl der reellen Lösung nach sich. Es wird klar, warum dieses Herangehen das Problem der Morphogenese bereichert. Monod zum Beispiel ist der Meinung, daß „allein die stereospezifischen Eigenschaften der Proteine letztlich den Schlüssel der Phänomene liefern können" und daß die spezifischen Wechselwirkungen im Bereich des Ångströms in die Größenordnung von Millimetern übergehen können, wenn sie sich vervielfältigen. Man sieht daran, daß er, um die Morphogenese zu erklären, den genauen Wert des Koeffizienten λ in der Gleichung $x^3 - \lambda x = 0$ kennen muß, während es für Thom genügt, die Eigenschaften der Wurzeln dieser Gleichung zu erkennen, ohne sie im einzelnen lösen zu müssen. Wir haben es mit zwei verschiedenen Ebenen der wissenschaftlichen Erklärung zu tun. Zugleich wird auch eine Möglichkeit sichtbar, das Qualitative mit dem Quantitativen zu verbinden.

Der Zweite Hauptsatz der Thermodynamik

Dieses Prinzip führt zur Definition einer physikalischen Größe, die Entropie genannt wird, und präzisiert deren Evolution in der Zeit unter ziemlich allgemeinen Bedingungen. Danach ist das Gesetz von der Entropiezunahme nicht das einzig praktische Kriterium der Evolution, das die Thermodynamik liefert. Zum Beispiel wird die Evolution eines geschlossenen Systems mit konstanter Temperatur und konstantem Druck vom Gesetz des Strebens zum Minimum einer anderen thermodynamischen

Größe, die mit der Entropie verbunden ist, bestimmt: der freien Energie. Und eine Abnahme freier Energie kann sowohl von einer Zunahme wie von einer Abnahme der Entropie begleitet werden. Philosophen, die die Thermodynamik nur ungenügend kannten, wollten einen Widerspruch zwischen dem Streben nach Organisation und dem Gesetz der Entropiezunahme konstruieren. Dabei privilegierten sie auf ungerechtfertigte Weise die Entropieerscheinungen. Das Erstaunlichste ist jedoch, eine ähnliche Tendenz in wissenschaftlichen Werken, die als ernst zu nehmend gelten, zu beobachten: Phänomene werden auch dort in reinen Entropiebegriffen beschrieben, wo die Entwicklung von einer anderen thermodynamischen Funktion als der Entropie bestimmt wird. Man muß J. Monod dafür dankbar sein, den zweiten Hauptsatz der Thermodynamik voll ins Licht gerückt und im Anhang auf die Beziehung zwischen dem Begriff der Entropie und dem der Information hingewiesen zu haben. Es ginge gewiß über den Rahmen seines Buches hinaus, strenge Definitionen und eine wirklich befriedigende Erklärung dieses Hauptsatzes zu erwarten. Dennoch scheint es uns, daß er dem oben genannten Fehler nicht entgeht: Er erklärt in Begriffen der Entropie ein Phänomen, das anders zu erklären ist. So beschreibt er die Kristallisation auf unkorrekte Weise. Von seiner eigenen Argumentation mitgerissen, gründet er sie sogar auf ein rein imaginäres Experiment: „Nehmen wir einen Milliliter Wasser, das einige Milligramm eines einfachen Zuckers wie die Glukose enthält, ferner Mineralsalze, die die für die Zusammensetzung der chemischen Bestandteile der Lebewesen wesentlichen Elemente einschließen (Stickstoff, Phosphor, Schwefel usw.). Befruchten wir dieses Milieu mit einer Bakterie z. B. der Art Escherichia coli (Länge 2μ, Gewicht 5×10^{-13}g ungefähr). Innerhalb von 36 Stunden wird die Lösung mehrere Milliarden Bakterien enthalten. Wir werden feststellen, daß ungefähr 40% des Zuckers in Zellbestandteile verwandelt wurde, während der Rest zu CO_2 und H_2O oxydierte. Führt man das Experiment in einem Kalorimeter durch, kann man die thermodynamische Bilanz des Versuchs bestimmen und feststellen, daß (wie bei der Kristallisation) die Entropie des Gesamtsystems (Bakterien + Milieu) um ein wenig mehr als das Minimum zugenommen hat, das der zweite Hauptsatz vorschreibt. Während also die außerordentlich komplexe Struktur der Bakterienzelle nicht nur erhalten wurde, sondern sich milliardenfach vervielfältigte, wurde das thermodynamische Defizit, das der Operation entspricht, reichlich ausgeglichen."

Nun wurde aber die Entropie einer Bakterienzelle nie gemessen, und zwar aus dem einfachen und fundamentalen Grund, den der große Physiker Brillouin in folgenden Worten darlegt: „Wie kann man die Entropie eines Lebewesens berechnen oder auch nur schätzen? Um die Entropie eines Systems zu berechnen, muß man es auf reversible Weise schaffen oder zerstören können. Wir können uns keinerlei reversibles Verfahren vorstellen, durch das ein lebender Organismus geschaffen oder getötet werden könnte: Geburt und Tod sind irreversible Prozesse. Es gibt absolut kein Mittel, die Entropieveränderung zu bestimmen, die in einem Organismus im Zeitpunkt seines Todes stattfindet. Wir könnten uns ein Verfahren vorstellen, mit dem man die Entropie eines toten Organismus messen könnte, obwohl wir noch nicht in der Lage sind, dies zu tun, aber das würde uns nichts über die Entropie des Organismus kurz vor seinem Tod sagen!"[6]

Ein System, das vielleicht vom thermodynamischen Gesichtspunkt her leichter zu untersuchen wäre als die Bakterienzelle in der Reproduktionsphase, ist das Ei während der Reife. Während das Kücken sich innerhalb der Schale entwickelt, ist in erster Annäherung der einzige Austausch mit dem äußeren Milieu ein Wärmeaustausch. Welcher Anteil bei der Entropieproduktion der Tatsache zukommt, daß die chemischen Reaktionen nicht mit einer unendlich langsamen Geschwindigkeit stattfinden, ist am schwierigsten einzuschätzen. Dieses Problem des Eies, das sich organisiert, indem es Wärme von der Henne erhält, löste 1967 in der englischen Zeitschrift „Nature" eine kuriose Kontroverse aus. Diese macht sehr schön den ideologischen Gebrauch deutlich, den Wissenschaftler – sicher unbewußt – vom zweiten Hauptsatz der Thermodynamik machen.

Invarianz und Teleonomie

In Fragen der Evolution waren die Biologen lange in zwei Schulen gespalten. Für die Instruktionisten können sich die Lebewesen unter neuen Bedingungen des Milieus anpassen und die erworbenen Eigenschaften vererben: Der Organismus begnügt sich nicht damit, neue Ereignisse passiv zu erdulden, er ist fähig, sie zu erkennen, eine Antwort auszuarbeiten und seine Erfahrung auf die Nachkommen zu übertragen. Die Selektionisten meinen dagegen, daß angesichts einer neuen, die Existenz einer Art gefährdenden Situation die Individuen die meisten Überlebenschancen haben, die von Anfang an über die korrekte Antwort in ihrem genetischen Material verfügen. Nach vielen Generationen werden diese beträchtlich anwachsen: Das Erlernen geschieht auf dem indirekten Weg. Die beiden Theorien wurden hier schematisiert, man könnte eine ganze Reihe Nuancen einführen. Bei der Erklärung der Evolution ist die Selektionstheorie Darwins – heute durch genauere Kenntnisse der Natur der Gene und ihrer Übertragungsweise erweitert – von den Wissenschaftlern allgemein anerkannt.

Dennoch hat sich der alte Streit auf andere Gebiete verlagert, wobei meistens die Selektionstheorie die Oberhand über die instruktionistischen Thesen gewinnt. So kann man von der Immunologie und dem Gedächtnis als den letzten Zufluchtsorten der Instruktionisten sprechen. In diesem grundlegenden Streit sind J. Monod entscheidende experimentelle Argumente zu verdanken.

In der Tat scheint eines der allgemeinen Merkmale der lebenden Organismen eine gewisse Anpassungsfähigkeit an die Veränderungen des Milieus zu sein. Wenn zum Beispiel eine Bakterienzelle in einem Milieu wächst, das Glukose enthält, die man plötzlich durch Laktose als Kohlenstoffquelle ersetzt, so produziert sie nach einer relativ kurzen Anpassungszeit ein Enzym, das fähig ist, das neue Produkt zu verdauen. Einer der ersten Beiträge Monods zur Biologie war der Nachweis, daß die betreffende Zelle die neue Antwort nicht erfindet: Die Laktose löst eine bereits vorgebildete Potenz der Antwort, die im genetischen Material aufgezeichnet ist, aus.

Dieser Verhaltenstyp wird in der Formel zusammengefaßt: „Die Invarianz geht immer und notwendig der Teleonomie voraus." Dieser Satz könnte zum zentralen Dogma der allgemeinen Biologie werden, wie die Formel Cricks, nach der die Information immer von der Nukleinsäure zum Protein wandert, zum zentralen Dogma der Molekularbiologie wurde. Dennoch scheint der Anspruch der ersteren weiter zu gehen. J. Monod will ihre

Gültigkeit beweisen, indem er sie auf andere Bereiche als den, von dem sie ausging, ausdehnte: auf die Immunologie, auf das Gedächtnis, auf die abiogene Evolution. Die nahe Verwandtschaft dieser Bereiche besteht darin, daß die in ihnen zu erkennende Anpassungsfähigkeit bedeutender als in den klassischen Systemen zu sein scheint. Das veranlaßt viele Wissenschaftler, für diese Bereiche Theorien instruktionistischen Charakters zu entwickeln.

Immunologie

J. Monod stellt das Problem wie folgt dar: „Die Antikörper sind Proteine, die fähig sind, durch stereospezifische Assoziationen dem Organismus fremde Substanzen, die in ihn eindrangen, zu erkennen, z. B. Bakterien oder Viren. Aber wie jeder weiß, taucht der Antikörper, der elektiv eine gegebene Substanz erkennt (z. B. ein ‚sterisches Motiv', das einer gewissen Bakterienart eigen ist), im Organismus nur auf (um eine gewisse Zeit in ihm zu verweilen), nachdem dieser mindestens einmal dessen ‚Erfahrung' gemacht hat (durch spontane oder künstliche Impfung). Man hat ferner nachgewiesen, daß der Organismus Antikörper zu bilden vermag, die praktisch jedem sterischen Motiv, sei es ein natürliches oder ein synthetisches, angepaßt sind. Die Potenzen scheinen in dieser Hinsicht praktisch unendlich zu sein."

Das Hauptargument der Selektionisten in der Immunologie lautet: Allein die Selektion kann erklären, daß die von einem Organismus produzierten Antikörper ausschließlich die dem Organismus *fremden* Substanzen erkennen. Es ist nicht unmöglich, daß eines nahen Tages diese Schwierigkeit durch eine nichtselektionistische Theorie überwunden werde; aber zur Zeit vermag kein Modell zu überzeugen. Andererseits scheinen die Erkennungsfähigkeiten der Antikörper unendlich zu sein, was mit einer rein genetischen Kodifizierung nicht vereinbar ist. J. Monod versucht, den Widerspruch durch die Hypothese des „genetischen Rouletts" zu lösen. Allerdings hat sie seit ihrer Darlegung 1959[7] noch keine experimentelle Bestätigung erfahren. „Man hat also lange vermutet, daß die Informationsquelle für die Synthese der dem Antikörper eigenen assoziativen Struktur das Antigen selbst sei. Nun ist heute gesichert, daß die Struktur des Antikörpers nicht vom Antigen abhängt: innerhalb des Organismus besitzen spezialisierte und in großer Zahl hergestellte Zellen die – einmalige – Fähigkeit, auf einem wohldefinierten Teil der genetischen Segmente, die die Struktur der Antikörper bestimmen, ‚Roulett zu spielen'. Das genaue Funktionieren dieses spezialisierten und ultraschnellen Rouletts ist noch nicht völlig geklärt; es ist aber wahrscheinlich, daß sowohl Neukombinationen als auch Mutationen stattfinden, die sich beide jedenfalls zufällig und in völliger Unkenntnis der Struktur des Antigens herstellen. Das Antigen spielt dagegen die Rolle eines Selektors, der differentiell die Vervielfältigung jener Quellen begünstigt, die einen Antikörper herstellen, welcher wiederum fähig ist, das Antigen zu erkennen.

Es ist bemerkenswert zu entdecken, daß einem der präzisesten molekularen Anpassungsphänomene, das man kennt, eine Quelle von Zufall zugrunde liegt. Aber es ist (a posteriori) klar, daß allein eine solche Quelle reich genug sein konnte, dem Organismus Verteidigungsmittel, gewissermaßen ‚alle Azimute', zur Verfügung zu stellen."

Auf diese Weise geht die Invarianz immer der Teleonomie voraus. Aber man mag verwundert sein, das als experimentelle Wirklichkeit dargestellt zu sehen, was zur Zeit nur Spekulation ist.[8]

Schließlich erkennt man, daß J. Monod selbst den Beweis für den etwas weit hergeholten Charakter der Trennung liefert, die er zwischen Invarianz und Teleonomie vollzieht, da die „Invarianz" je nach dem teleonomischen Kontext die verschiedensten Verhaltensweisen aufweisen kann. In einem Falle variiert das genetische Material gerade genug, um die Evolution durch Darwinsche Selektion möglich zu machen, im anderen führen kleine Quantenstörungen notwendig zum Tode; hier wurde die Invarianz Quelle von „Rauschen".

Das Buch behauptet, die Selektion könne aus einer Quelle des Rauschens alle Musik des Universums gewinnen. Das Beispiel der Immunologie scheint schlecht gewählt, um die Gültigkeit dieses Prinzips zu beweisen. Wäre auch bewiesen, daß die selektive Theorie richtig ist, so bliebe noch zu zeigen, *wie* die Selektion stattfindet. Nur ganz besondere Zellen sind fähig, Antikörper auszuscheiden, und sie beschränken sich außerdem auf Antikörper, die dem Organismus als Ganzes nicht schaden.

Mit Rauschen und Auslese erhält man keine Antikörper; und der Wissenschaftler möchte gerade die ganz besonderen Bedingungen kennen, unter denen die Selektion wirken kann; davon jedoch sagt das Buch kein Wort.

Abiogene Evolution

Die Darwinsche Selektion erklärt zwar gut, wie die Arten sich entwickeln, bei denen das von der Molekularbiologie erhellte Beziehungssystem vorliegt. Dennoch wird immer öfter die Frage gestellt, wie dieses System selbst entstehen konnte. Es gibt Theorien über den Ursprung des Lebens, die Beziehungssysteme in einer weit zurückliegenden Epoche annehmen, die sich von den heute zu beobachtenden unterscheiden. Crick meinte zum Beispiel, daß ein Stadium existieren müßte, in dem die Aufgaben der Proteine von den Nukleinsäuren erfüllt wurden: Invarianz und Teleonomie waren untrennbar. Ein solches System gehorcht einer Logik, die viel instruktiver als die Darwinsche ist.

Für den Ursprung des Lebens sucht praktisch niemand die Erklärung in einer absoluten Trennung von Invarianz und Teleonomie. Das Dogma ist selbst Produkt einer gewissen Evolution. J. Monod scheint geneigt, dies anzuerkennen, wenn er erklärt: „Der Code hat keinen Sinn, wenn er nicht übersetzt wird. Die Übersetzungsmaschine der modernen Zelle enthält mindestens 50 makromolekulare Bestandteile, die selbst in der DNS kodiert sind. *Der Code kann nur mit Hilfe von Übersetzungsprodukten übersetzt werden.* Das ist der moderne Ausdruck für das *omne vivum ex ovo.* Wann und wie schloß sich dieser Kreis? Man kann es sich außerordentlich schwer vorstellen.“

Wir haben uns also hier ziemlich weit von J. Monods vorangegangener Beschreibung der Zelle als lineare und mechanistische Maschine entfernt. Aus der geraden Linie wurde ein Kreis, und es ist nicht zu verstehen, wie er sich schließen konnte. Aber in Wirklichkeit führt die Weigerung, die möglichen Wege der Evolution sorgfältig zu betrachten, dazu, das Auftauchen des Lebens einer Reihe von Umständen zuzuordnen, deren Wahrscheinlichkeit gleichsam Null ist.

Bei dem Problem von Henne und Ei sollte daran erinnert werden, daß man vor einem Jahrhundert nicht verstehen konnte, wie sich organische Produkte vereinen und ein lebender Organismus entsteht, da diese organischen Produkte selbst ausschließlich von lebenden Organismen synthetisiert werden. Die wissenschaftliche Untersuchung des Ursprungs des Lebens begann mit den Arbeiten des sowjetischen Gelehrten Oparin. 1924 wies er nach, wie sich vor einigen Milliarden Jahren unter den Bedingungen der ursprünglichen Atmosphäre der Erde die Grundprodukte der Zelle unter dem Einfluß natürlicher, nicht lebender Agenzien bilden konnten. Die Hypothese ist seit der Durchführung organischer Synthese in simulierter Atmosphäre durch den Amerikaner Miller (1950) weitgehend bestätigt. Aber das oben erwähnte Problem von Henne und Ei ist anderer Natur: Es bezieht sich nicht auf den Ursprung einer chemischen Substanz, sondern auf den eines Codes, das heißt auf eine Gesamtheit von Beziehungen, die zur Zeit noch auf abstrakte Weise gedacht werden. Dennoch spricht nichts dagegen, daß es bald – und auf ebenso evidente Weise wie heute das des Ursprungs der organischen Produkte – gelöst werden könnte.

Das Nervensystem

Seine Funktionsweise drückt die Anpassungsfähigkeiten der Lebewesen besonders anschaulich aus. Um dem Prinzip, daß die Invarianz immer der Teleonomie vorausgeht, nicht zu widersprechen, schließt J. Monod jede mögliche Codierung des Gedächtnisses in der Form von Makromolekülen aus.

Nimmt man in der Tat an, daß der genetische Apparat in den Gedächtniszellen genauso funktioniert wie in den gewöhnlichen Zellen, und wendet man Monods Ideen streng an, so gelangt man zu der oben genannten Folgerung durch folgenden Schluß: Macht ein Individuum eine Erfahrung, die in der Folge als Gedächtnis gefestigt wird, so ist das Protein dasjenige mit der äußeren Welt in Wechselbeziehung stehende Makromolekül, das fähig ist, ein Signal zu erkennen; doch das Protein besitzt nicht die Eigenschaften der Invarianz, es kann sich nicht reproduzieren und wird früher oder später zerstört werden. Dagegen können die Invarianzeigenschaften, die Gedächtniseigenschaften, ausschließlich den Nukleinsäuren zugesprochen werden.

Nun geht die Information aber von der Nukleinsäure zum Protein und nicht umgekehrt, denn das wäre selbst nicht „physikalisch konzipierbar". Folglich kann sich das Gedächtnis nicht von der Erfahrung aus bilden, wenn man die Hypothese einer makromolekularen Codierung annimmt. Diese muß aber abgelehnt werden.

Nun ist jedoch unsere Unkenntnis hinsichtlich der Funktionsweise des Nervensystems noch so groß, daß es uns sehr gewagt scheint, Behauptungen derart affirmativ aufzustellen. In einem Fach, das nicht das seine ist, präsentiert J. Monod ein Wissen so, als sei es bei weitem besser gesichert als das der Fachwissenschaftler.

Die Evolution in der Biosphäre

Wir kommen endlich zum Hauptteil des Systems. Hier wird das allgemeinste Evolutionsgesetz der physikalischen Systeme mit dem allgemeinsten Evolutionsgesetz der biologischen Systeme in Beziehung gesetzt. Die Fülle hervorgehobener Ausdrücke bestätigt, daß es sich um einen Abschnitt handelt, dem der Autor größte Bedeutung zumißt: „Eine einfache Punktmutation, wie die Substitution eines Zeichens des Codes für ein anderes in der DNS, ist reversibel. Die Theorie kann sie voraussehen, und die Erfahrung bestätigt sie. Aber jede wahrnehmbare Evolution, wie die Differenzierung selbst zweier sehr nahestehender Arten, ergibt sich aus einer großen Zahl unabhängiger und in der Ausgangsart nacheinander akkumulierter Mutationen, die dann immer noch zufällig dank dem ‚genetischen Fluß', der durch die Sexualität gefördert wird, neu kombiniert werden. Ein solches Phänomen ist auf Grund der Zahl der unabhängigen Ereignisse, dessen Resultat es ist, statistisch irreversibel.

„Die Evolution in der Biosphäre ist also ein notwendig irreversibler Prozeß, *der eine Richtung in der Zeit festlegt;* diese Richtung ist *die gleiche,* die durch das Gesetz der Entropiezunahme, das heißt den zweiten Hauptsatz der Thermodynamik, vorgeschrieben wird. Das ist viel mehr als ein bloßer Vergleich. Der zweite Hauptsatz und die Irreversibilität der Evolution beruhen auf *identischen* statistischen Überlegungen. Es ist in der Tat *legitim, die Irreversibilität der Evolution als Ausdruck des zweiten Hauptsatzes in der Biosphäre zu betrachten.* Der zweite Hauptsatz formuliert nur eine statistische Voraussage und schließt selbstverständlich nicht aus, daß ein beliebiges makroskopisches System in einem quasi statischen Prozeß und für sehr kurze Dauer dem Gefälle der Entropie entgegen wieder aufsteigen, das heißt, in gewisser Weise in der Zeit zurückgehen könnte. Bei den Lebewesen sind es gerade diese einmaligen und flüchtigen Bewegungen, die, vom replikativen Mechanismus aufgefangen und reproduziert, von der Selektion zurückgehalten wurden. In diesem Sinne stellt die selektive Evolution, die auf die Auswahl seltener und wertvoller, neben einer Unzahl anderer im riesigen Vorrat des mikroskopischen Zufalls enthaltener Störungen begründet ist, eine Art Maschine dar, mit der man in der Zeit zurückgehen kann."

Man kann tatsächlich einige flüchtige Analogien zwischen den beiden Fragen (Evolution der physikalischen Systeme – Evolution der biologischen Systeme) entdecken. Zum Beispiel (aber das würde eine Diskussion zwischen Spezialisten sehr hohen Niveaus erforderlich machen) die Natur der Beziehung, die in beiden Situationen zwischen der mikroskopischen Reversibilität und der makroskopischen Irreversibilität besteht; oder auch zwischen der Bedingung schwacher Paarung zwischen den Mikrozuständen eines Gibbsschen statistischen Ensembles, das in die Formulierung der Entropieformel durch die statistische Mechanik eingreift, und andererseits die genetische Neukombination, die eine Art schwacher Wechselwirkungen zwischen Individuen wäre. Dennoch entdeckt man nirgends die *identischen Betrachtungen,* die die zwei Prinzipien aufzustellen gestatten. Es bleibt übrigens auch verborgen, wann das Prinzip der Evolution in der Biosphäre je exakt aufgestellt worden wäre.

Die große Vereinheitlichung – man könnte auch Synthese sagen – von Physik und Biologie muß deshalb so lange suspekt scheinen, als die Argumentation nicht in weiter ausgearbeiteter wissenschaftlicher Form neu aufgenommen wird. Weiter unten werden wir unsere persönliche Meinung über die Beziehungen zwischen Physik und Biologie, wie sie sich in der Molekularbiologie konstituierten, nennen.

Hat man das Evolutionsprinzip in der Biosphäre aufgestellt, bemerkt man, daß es für die gesamte Biosphäre gilt, mit Ausnahme der lebenden Arten, die sie hauptsächlich konstituieren, da man auf ein *selektives* Evolutionsprinzip zurückgreifen muß, das in umgekehrter Richtung wie das erste funktioniert.

Die uns angebotene Auffassung von der Darwinschen Evolution ist nicht sehr einheitlich. Ohne Zweifel enthält das Modell zahlreiche Einzelheiten, die bisher wenig bekannt oder durchdacht sind.[9] Man kann folglich zu Recht erklären, daß „die Evolution trotz allem in der Biologie der zentrale Begriff bleibt, der noch lange vertieft und präzisiert werden muß". Allerdings stellt die folgende Erklärung für das Auftauchen vierfüßiger Wirbeltiere eine etwas seltsame Bereicherung dar: „Wie man weiß, ergaben sich die großen Schnittpunkte der Evolution aus dem Eindringen in neue ökologische Räume. Die vierfüßigen Wirbeltiere konnten auftauchen und sich so wunderbar zu Amphibien, Reptilien, Vögeln und Säugetieren entwickeln, weil ursprünglich ein primitiver Fisch die ‚Wahl' getroffen hat, die Erde zu erforschen, auf der er sich jedoch nur ungeschickt hin- und herspringend bewegen konnte. Er schuf als Folge einer Verhaltensmodifizierung den Selektionsdruck, der die mächtigen Glieder der Vierfüßler entwickeln sollte."

Dieses Augenzwinkern zu Jean-Paul Sartre wird ohne Zweifel von den Wissenschaftlern verschieden eingeschätzt werden. Danach fühlt sich J. Monod ganz in seinem Element, um Engels vorzuwerfen, im Namen der Dialektik „die rein selektive Interpretation der Evolution" abgelehnt zu haben, oder Spencer vorzuhalten, er habe von der natürlichen Auswahl „einen verarmten, naiv grausamen Gedanken, den des schlichten und ‚einfachen Lebenskampfes' ", verbreitet.[10] Heute wird kein ernsthafter Wissenschaftler das Prinzip der natürlichen Selektion als Erklärung für den Ursprung und die Evolution der heutigen Arten in Zweifel ziehen. Will man jedoch vermeiden, offene Türen einzurennen, dann muß man dem Streit den Platz zuweisen, der ihm zukommt: Was ist der heuristische Wert dieses Prinzips? Wir werden darauf zurückkommen.

DNS und Proteine

J. Monod ist ein Spezialist der Proteine. Was er von ihnen zu sagen hat, stammt aus erster Hand; ihre Funktionseigenschaften werden sehr ins einzelne gehend beschrieben. Es gibt eine beachtliche Anzahl von Arbeiten, die sich mit der katalytischen Tätigkeit zahlreicher Proteine beschäftigen, mit ihrem spezifischen Charakter gegenüber den Substraten der katalysierten Reaktion, mit der Kinetik dieser Reaktion beim Vorhandensein von Proteinen und Aktivatoren oder Inhibitoren. Die kinetischen Untersuchungen dieser Reaktionen (Kinetik der Enzyme) werden als einer der Wege betrachtet, die Funktionsweise der Enzyme zu begreifen. Eine andere Möglichkeit des Herangehens ist die Strukturbestimmung. Mehrere hundert Proteinsequenzen wurden untersucht, so daß man ihre chemische Formel genau kennt. Insbesondere dank außerordentlich kühner Untersuchungen, die in Großbritannien durchgeführt wurden, beginnt man die Kristallstruktur einiger isolierter oder mit ihrem Substrat komplexverbundener Proteine aufzuklären: Man verfügt über genaue dreidimensionale Bilder dieser Proteine, in denen jedes Atom sorgfältig lokalisiert ist. Dieses strukturelle Herangehen scheint fruchtbar, aber es stellt völlig neue Interpretationsprobleme. Denn das außerordentlich komplexe Bild, das man erhält, muß man lesen können. Es scheint möglich, die ersten erhaltenen Strukturen in Familien zu ordnen, aber die dabei benutzten Kriterien sind noch nicht voll gesichert. Die Aufgabe, der der Wissenschaftler gegenübersteht, könnte etwa so beschrieben werden. Man zeigt ihm drei Wollknäuel, die scheinbar in Unordnung sind; kann er in ihnen entweder eine Aufwicklungsweise oder eine gewisse Äquivalenz der gebildeten Formen erkennen? Es wurden interessante Gedanken vorgebracht[11]; aber J. Monod muß wohl der Meinung sei, daß die Fortschritte in dieser Richtung zum Scheitern verurteilt sind, da er von reinem Zufall in der Sequenz der Proteine spricht.

Der andere Weg des Herangehens, der der klassischen Enzymologie, wird zur Zeit von einer Lehre beherrscht, die J. Monod und seine Mitarbeiter entwickelt haben, die Allosterie. Die Theorie der Allosterie umfaßt zwei Gedanken, die sorgfältig voneinander getrennt werden müssen.

Der erste, für die Molekularbiologie klassische, ist einfach und ruft keinen Widerspruch hervor. Ein Enzym kann, indem es einen bestimmten Liganden (der keinerlei chemische Verwandtschaft mit den Substraten der katalysierten Reaktion zu haben braucht) bindet, seine Konformation ändern. Die Änderung seiner Struktur in einem Gebiete kann zu Strukturänderungen in einem anderen Gebiet des Proteins führen und ihm neue Eigenschaften gegenüber der Reaktion, die es katalysiert, geben. In einem Artikel von 1963 wurden zahlreiche Betrachtungen über die Regulierung der Reaktionsketten des Stoffwechsels durch die Proteine systematisiert und die Bedeutung der Proteine, die die oben genannten Eigenschaften besitzen, klargestellt.

Der zweite Gedanke (er wurde zwei Jahre später entwickelt) besagt, daß gewisse Eigenschaften der *Kinetik* der allosterischen Enzyme zur Art und Weise, in der die Untereinheiten zusammengefügt sind, aus denen das Enzym besteht, in Beziehung gesetzt werden können. In dieser Form hat das allosterische Modell die heftigsten Vorbehalte hervorgerufen.[12] Ohne auf das Grundsätzliche einzugehen, ist eine Bemerkung darüber, wie die Theorie dargestellt und benutzt wurde, angebracht. Im Kapitel IV wird die Allosterie in dem einschränkenden Sinne des zweiten Artikels dargestellt, scheint aber durch eine Sinnverschiebung eine universelle Tragweite zu bekommen, indem alles, was sich als mit dem ersten Gedanken übereinstimmend herausgestellt hat, dem zweiten zugute geschrieben wird.

J. Monod sagt mehrmals, daß seiner Meinung nach die Proteine praktisch für alle teleonomischen Eigenschaften verantwortlich sind und daß dagegen „die kinetische Invarianz ausschließlich an die andere Klasse, die der Nukleinsäure, gebunden ist". Diese Einschätzung verdient gewiß ernsthaft nuanciert zu werden. Im Rahmen einer Forschung über die Probleme des Lebens erhebt sich die Frage, unter welchen Bedingungen kurze Nukleinsäuresegmente in der Lage wären, ohne Hilfe von Enzymen ihre Replikation zu vollziehen, wobei unter den gegebenen Bedingungen die Eigenschaft der reproduktiven Invarianz der ganzen Zelle zukommt. Diesen Punkt haben zahlreiche Autoren mit Nachdruck betont.

Außerdem ist ebenfalls unwiderlegbar, daß man ohne die Struktur der DNS nichts von der Reproduktion verstehen könnte. Hier liegt ein konkretes Beispiel dafür vor, wie man mit Gewinn einen linearen und mechanischen Schluß mit einem dialektischen Schluß vergleichen kann. Im Augenblick, da das Buch im einzelnen und auf molekularer Ebene die Beziehungen zwischen DNS und Proteinen, das heißt wesentlich die des genetischen Code, zu untersuchen hätte, wird übrigens das Problem durch eine Fußnote umgangen: „Das Unterlassen jeder Diskussion dieser Mechanismen berührt nicht die Analyse der molekularen teleonomischen Wechselwirkungen und ihrer allgemeinen Interpretation.“ Geht man auf diese Weise nicht der Diskussion über das wichtigste Aktenstück des Dossiers aus dem Wege?

Die Irreversibilität der Übersetzung

Die Übersetzung ist die Gesamtheit der chemischen Vorgänge, durch die die im genetischen Material enthaltene Information in die Proteine übergeht. Im Prinzip ist jede chemische Reaktion reversibel. Man konnte sich also zu Recht fragen, ob auch die Übersetzung reversibel ist. In Wirklichkeit ist die Informationsübertragung ein komplizierterer Vorgang als die einfache Summe chemischer Reaktionen, und während der kritischen Phase (die Codon-Anticodon-Erkennung) ist es keineswegs notwendig, daß die reagierenden Partner durch die Wechselwirkung verändert werden. Diese Thesen müssen nuanciert und detailliert werden. Es wird allgemein angenommen, daß in den gegenwärtigen Zellen die Information immer von der Nukleinsäure zum Protein geht und niemals umgekehrt. Das nennt man das Zentrale Dogma. Die Gültigkeit dieses Dogmas rechtfertigt gründlichst und auf gesicherter Ebene eine gewisse Anzahl allgemeinerer Thesen J. Monods über die Invarianz und die Teleonomie. Insofern ist die Beziehung zwischen den Ebenen der allgemeinen und der molekularen Biologie viel befriedigender als die zwischen den Gesetzen der Physik und denen der Biologie.

Dennoch nehmen die Wissenschaftler, die sich mit dem Problem der abiogenen Evolution beschäftigen, an, daß beim Ursprung des Lebens das Dogma möglicherweise eine sehr begrenzte Gültigkeit hatte. In einem jüngeren Artikel, der der Neueinschätzung des Zentralen Dogmas im Lichte neuester Erfahrungen gewidmet ist, bestätigt Crick, daß es nicht auf den Ursprung des Lebens angewandt werden sollte. Wie viele Aspekte der Zelle könnte es zugleich das Produkt einer gewissen Entwicklung und die notwendige Bedingung einer späteren Entwicklung sein.

Daß ein kleines Buch, das sich nicht nur an Spezialisten der Molekularbiologie wendet, hinsichtlich der am weitesten vorangeschrittenen Wissenschaft Vereinfachungen oder selbst Ungenauigkeiten enthält, ist normal. Nun geht es hier nicht darum zu vereinfachen, sondern ein ganzes Wissensgebäude zu dogmatisieren: Mehrmals stellt der Autor seine Gedanken als die einzig mit der modernen Wissenschaft zu vereinbarenden, ja mit dem Postulat der Objektivität übereinstimmenden, dar.

Das Buch Monods zeigt einen Charakter der Vollendung, der verwundern mag, bedenkt man, wie jung die Wissenschaft ist, die in ihm dargestellt wird. Sollte es wahr sein, daß man in der Biologie keinen entscheidenden Fortschritt in unserem Verständnis des Lebens mehr zu erwarten hätte?

Tatsächlich ist heute ein Teil der Molekularbiologen dem Pessimismus verfallen und meint, daß nur noch an Einzelheiten „zu feilen" sei (eine Situation, die in der Wissenschaft nicht neu ist). Sie gehen zu Disziplinen über, wo der Anteil des nicht exakt Meßbaren, des noch zu Enträtselnden, größer ist, zum Beispiel in der Neurophysiologie.

Bei der Entstehung der Molekularbiologie hat das Eindringen von Physikern eine bestimmte Rolle gespielt. Da sie in den 40er Jahren glaubten, nach der Quantenmechanik gäbe es in der Physik nichts Grundsätzliches mehr zu entdecken, wandten sich manche Physiker der Biologie zu. Sie hofften, hier ein neues physikalisches Prinzip zu entdecken, das zum Beispiel dem Prinzip des Welle-Korpuskel-Dualismus entspräche. Die auf die Biologie übertragene Betrachtungsweise der Physiker hat in einem großen Maße zu den außerordentlichen Erfolgen der Molekularbiologie beigetragen. Aber die Resultate enttäuschten gleichzeitig insofern, als zu keiner Zeit das Bedürfnis fühlbar wurde, eine Erscheinung anders als mit den klassischen Prinzipien der Physik und der Chemie zu erklären.

Das Buch J. Monods kündigt das Ende dieses Abenteuers an: Es geht darüber hinaus, nur die Widerspruchsfreiheit zu bestätigen, es bemüht sich, enge Isomorphismen zwischen den Gesetzen der Physik und denen der Biologie aufzustellen. Abgesehen davon, daß seine Argumentation hier selten überzeugend ist, geht sie an den grundsätzlichen Unterschieden vorbei, die in manchen Fällen zwischen dem Vorgehen des Physikers und dem des Biologen noch bestehen, Unterschiede, die J. Monod nicht zu reduzieren versucht. Sehen wir, wie Max Delbrück, der Vater der Molekularbiologie, die Divergenz darstellt. Nehmen wir eine ziemlich allgemeine Eigenschaft der Zellen, zum Beispiel die Erregbarkeit. In einer ersten Annäherung ist die Zelle für die Physiker in einem Zustand dynamischen Gleichgewichtes und tauscht mit der Umgebung Materie und Energie aus. Es ist normal, daß eine Veränderung der Umgebung den Zustand der Zelle verändern kann: sie wird erregt. Vor mehr als einem Jahrhundert wurde durch Weber sogar ein quantitatives Gesetz formuliert, das den Wert der Erregungsschwelle mit den Ausgangsbedingungen des Milieus verband. Natürlich verlangt man von einem solchen Gesetz keine sehr ausgedehnte Gültigkeit, ebenso wie man in der Physik mit Gesetzen zufrieden sein kann, deren Gültigkeit auf gewisse Größenbereiche der in Frage kommenden Variablen beschränkt ist. Nun kann der Biologe auf ganz andere Weise an die Dinge herangehen: er kann das Gesetz völlig ablehnen, da es für ihn als physikalisches Gesetz akzidentell ist. Er könnte behaupten, daß dieses Gesetz nur befolgt wird, weil es der Zelle einen selektiven Vorteil gewährt, und daß vom Gesichtspunkt der Evolution das Vorteilhafteste eben der Typ der untersuchten Antwort ist. Die natürliche Auslese würde sich also wie der eifrige Assistent eines leichtgläubigen Professors verhalten, der so sehr darum besorgt ist zu gefallen, daß er alle Daten unterschlägt, die im Widerspruch zur Theorie seines Meisters stehen. Auf Grund solcherlei Argumente ist das Gesetz von Weber heute fast völlig vergessen, und Delbrück fragt sich, ob man somit nicht einen wichtigen Schlüssel für das Verständnis der lebenden Zelle vernachlässigt hat.

Man erkennt an diesem Beispiel, daß wir von einer völligen Identität zwischen den Prinzipien der Physik und denen der Biologie weit entfernt sind. Das Haupthindernis für ein physikalisches Verstehen der Funktionsweise der Zelle ist die Anwendung des Prinzips der natürlichen Auslese durch manche Biologen als letzte Erklärung aller ihrer Beobachtungen.

Der zweite Hauptsatz der Thermodynamik macht unter sehr allgemeinen Bedingungen Voraussagen möglich. Dagegen scheint das Evolutionsprinzip in der Biosphäre eher eine Möglichkeit zu sein, die Vergangenheit zu erklären. Es ist wahr, daß ein besonderer Zweig der Genetik, die Populationsgenetik, die Evolutionsprobleme experimentell untersucht und daß man hinreichend definierte Situationen verwirklichen kann, um die Eigenschaften der selektierten Mutanten voraussagen zu können. Aber die Fälle, in denen man das Prinzip der natürlichen Auslese auf heuristische Weise anwenden kann, sind im allgemeinen die am wenigsten interessanten.

Im allgemeinen ist die natürliche Auslese bei vielen Biologen zum integrierenden Bestandteil einer rein finalistischen Betrachtungsweise geworden. Wenn es früher für die Finalisten klar war, daß die Katze da ist, um die Mäuse zu fressen, und daß die Mäuse geschaffen wurden, um der Katze als Nahrung zu dienen, so sind in der neofinalistischen Weise die Dinge ebenso klar. Die Katze ist da, weil sie gegenüber anderen Varianten ihrer Art eine größere Fähigkeit hatte, die Mäuse zu fangen, und die Mäuse sind da, weil sie im Verhältnis zu älteren Varianten besser in der Lage waren, der Katze zu entfliehen. Alles durch die Kombination von Zufall und Auslese zu erklären, darin besteht das erkenntnistheoretische Desaster einer gewissen Konzeption der Biologie. Darin zeigt sich auch, wie ein zutiefst richtiges und revolutionäres Denken zur Schule der Trägheit werden kann.

J. Monod bemüht sich nicht, diese Trägheit zu bekämpfen, und man muß sich sogar fragen, ob er ihr nicht Argumente liefert. Dagegen kann seine Kritik eines gewissen vereinfachten Bildes vom dialektischen Materialismus (das mit dem von Marx und Engels nichts zu tun hat) eine heilsame Anregung für uns Marxisten sein.[13]

JOË METZGER

Wissenschaft und Ideologie

Jacques Monod glaubt, aus den heutigen Erkenntnissen der Biologie eine Weltanschauung, eine gewisse *politische* Orientierung im Widerspruch zum Marxismus ableiten zu können. Er hat das Risiko auf sich genommen. Nichts kann also eine Antwort verbieten.

„Die signifikanteste aller Wissenschaften"?

Die Wissenschaft ist eine ununterbrochene Eroberung der Wirklichkeit durch den Menschen (der Natur wie der Gesellschaft und des Denkens), sie ist die immer feinere, sich immer mehr annähernde, immer genauere Erkenntnis des Wirklichen in allen seinen Aspekten, sie gestattet dadurch ein ständig wirksameres Eingreifen des Menschen in die Natur und die gesellschaftliche Wirklichkeit.

Der Erkenntnisfortschritt ist kontinuierlich, aber er ist nicht geradlinig. Es gibt kaum einen Erfolg der Wissenschaft, der nicht zugleich neue Probleme stellt. In jeder Etappe macht der Fortschritt neue Synthesen notwendig, die ihrerseits neue, besondere Fragen nach sich ziehen, welche die Forschung in den verschiedensten Richtungen anregen. In jedem Augenblick sind Wechselwirkung und Gegenüberstellung von Theorie und Praxis nötig.

Diese Forderungen zu ignorieren, führt zu einer Gefahr, die ständig droht und in Beziehung zum Fortschritt der Wissenschaften selbst steht: Diese Gefahr ist der Positivismus, d. h. die Ablehnung jeder Verallgemeinerung auf philosophischer Ebene, die Auffassung, die „positive" Wissenschaft genüge sich selbst.

Es ist nicht verwunderlich, daß jeder bedeutende Erkenntnisfortschritt im Keime die Gefahr des Positivismus enthält. In der Tat stellt eine neue wissenschaftliche Erkenntnis immer in einem gewissen Maße die Idee in Frage, die man sich zuvor von den untersuchten Erscheinungen machte. Es ist folglich leicht, diesen oder jenen Aspekt von der Gesamtheit des Wissens zu isolieren und en bloc das bisher Errungene oder eine allgemeine Konzeption als Ganzes als überholt zu verwerfen.

Der Positivismus ist also eine Konzeption, die sich auf den Fortschritt der Wissenschaften stützt, um die Notwendigkeit einer allgemeinen Theorie zu bezweifeln, die über das Wissen hinausgeht, das jede der Wissenschaften uns liefert. Wir werden später sehen, warum der Positivismus immer sehr entschlossen die Weltanschauung kritisiert, die sich am stärksten auf die Wissenschaften stützt.

Der Positivismus verfügt über die verschiedensten Mittel. Eines der zur Zeit verbreitetsten besteht darin, aus den Wissenschaften eine zur fortgeschrittensten zu erklären, die eine Führungsrolle spielen und so die Ausarbeitung einer Philosophie völlig überflüssig machen würde. Diese „Leitwissenschaft“ ist je nach den Autoren eine andere: für die einen ist es die Kybernetik; für die anderen die Linguistik usw. Für Jacques Monod nimmt die Biologie einen „zentralen Platz“ ein, sie ist ihm „die signifikanteste aller Wissenschaften“.

Es sei nur am Rande bemerkt, welche Bescheidenheit darin steckt, *seiner* Wissenschaft einen bedeutenderen Platz als den anderen zuzusprechen ... In Wirklichkeit geht es *immer* darum, Synthesen allgemeinen Charakters zu umgehen. Dieser ständige Zug bestätigt, daß es weniger um die Frage geht, ob eine allgemeine Konzeption notwendig ist oder nicht, sondern darum, ob diese Konzeption wissenschaftlich sein wird oder nicht.

Ist die Philosophie überflüssig?

Es ist also nicht erstaunlich, daß eines der konstanten Merkmale der verschiedenen positivistischen Strömungen darin besteht, systematisch die allgemeine Weltanschauung zu kritisieren, deren wissenschaftlicher Charakter am besten gesichert ist, das heißt die Weltanschauung der Marxisten, deren Grundlage ihr wissenschaftlicher Charakter, ihre enge Beziehung zu den Wissenschaften ist. Eben deshalb wird von den Positivisten am Anfang auch immer die Naturdialektik in Frage gestellt, denn sie ist in gewisser Weise das Element, das dem umfassenden wissenschaftlichen Charakter des Marxismus zugrunde liegt.

Die Frage des Verhältnisses zwischen den Wissenschaften und der Philosophie ist wichtig und komplex. Ohne sie auch nur annähernd erschöpfen zu wollen, sei hier nur festgestellt, daß die Rolle der Philosophie nicht darin besteht, a priori die Ergebnisse zu liefern, die man von jeder besonderen Wissenschaft erwarten kann, aber daß sie auch nicht darin besteht zu warten, bis die Wissenschaft vollständig auf alle Fragen geantwortet hat. Die Notwendigkeit und die Möglichkeit einer wissenschaftlichen Philosophie ergibt sich sowohl aus dem Charakter der Wissenschaft als immer größere Annäherung der Erkenntnis an die materielle Wirklichkeit als auch aus deren Eigenschaft, erkannt werden zu können.

Der von Jacques Monod erwähnte Gegensatz „zwischen jenen, die nur den gegenwärtigen, konkreten Gegenstand in seiner vollständigen Anwesenheit kennen wollen, und jenen, die die verhüllte Darstellung einer idealen Form in ihm suchen" ist seit langem von der Erkenntnistheorie des dialektischen Materialismus überholt: Beide Pole des Gegensatzes sind gleichermaßen unwissenschaftlich.

Man darf übrigens nicht annehmen, daß die Beziehungen zwischen Wissenschaft und Philosophie nur in einer Richtung wirken: Gewiß bereichern die Wissenschaften ständig die allgemeine philosophische Konzeption, aber diese liefert dem Wissenschaftler eine Theorie der Gesamtheit und eine Methode, weiter voranzuschreiten, die ihm als Leitfaden und Bezugspunkt dienen, und zwar in dem Maß, wie sie wissenschaftlich sind.

Der Positivismus ist implizit in allen Ideologien enthalten, die zur Zeit unter dem Gattungsbegriff „technokratische Ideologien" verbreitet sind: Eines ihrer Merkmale besteht darin, Ideologien auf Grund des wissenschaftlichen und technischen Fortschritts für überholt zu halten. Es kommt diesen Ideologien wesentlich darauf an, sich einen wissenschaftlichen Anschein zu geben, damit ihr Klasseninhalt verschleiert wird.

Aber die einander entgegengesetzten Ideologien bestehen weiter fort, weil die antagonistischen Klassen, deren Ausdruck sie sind, fortbestehen. Die technokratische Ideologie ist die bürgerliche Ideologie unserer Epoche. Der Positivismus liefert ihr die philosophische, „theoretische" Grundlage. Die heutigen „Reformatoren" sind ihr politischer Ausdruck. Zwischen all diesen Aspekten gibt es eine enge – wenn auch nicht mechanische oder immer evidente – Verbindung.

Materialismus oder Idealismus?

Im allgemeinen ist das Vorgehen Jacques Monods materialistisch, das heißt, die Wirklichkeit wird ohne fremde Zutat analysiert. Das trifft insbesondere für das Kapitel zu, in dem die Entwicklung der chemischen Grundprozesse des Lebens dargestellt wird. Der gesamte rein biologische Teil des Werkes scheint in die gleiche Richtung zu gehen,

Dennoch ist der Positivismus auch hier wie stets ein „schamhafter Materialismus", voller Zweideutigkeiten und letzten Endes dem philosophischen Idealismus eine Tür öffnend. Zitieren wir: „Der Dualismus behält im Grunde seine operationelle Wahrheit. Der Begriff des Gehirns und der des Geistes sind nicht zu vereinigen." Aus diesem schlicht zweideutigen Satz wird etwas weiter (das ist gar nicht mehr zweideutig): „Wer könnte an der Präsenz des Geistes zweifeln?"

Diese Schwierigkeit im Umgang mit den philosophischen Kategorien ist natürlich auch dort zu finden, wo es um das Thema des Versuchs selbst geht, um das Problem von Zufall und Notwendigkeit. Man kann in dieser Hinsicht nur über die strenge Trennung enttäuscht sein, die zwischen beiden Begriffen gemacht wird: „Die Selektion wirkt in der Tat *auf* die Produkte des Zufalls, sie kann sich nicht aus einer anderen Quelle nähren, aber sie wirkt in einem Gebiet strenger Notwendigkeiten, aus dem der Zufall verbannt ist."

Es gibt also nur den totalen Zufall einerseits und die absolute Notwendigkeit andererseits. Es sei daran erinnert, daß der Marxismus, und das bereits seit den Arbeiten von Engels, eine wesentlich reichere und komplexere Auffassung von den Beziehungen zwischen Zufall und Notwendigkeit hat.

Diese mechanische Gegenüberstellung führt Jacques Monod zu der Frage: Ist jedes im Universum existierende Ding notwendig? Aber der Zufall ist Teil der Notwendigkeit. Er hat sogar seine Gesetzmäßigkeiten (allerdings ist der Begriff des *Gesetzes*, ebenso wie einige andere, beispielsweise der des *Widerspruchs*, in Monods Buch erstaunlicherweise zu vermissen). Der Zufall ergibt sich aus der Unendlichkeit des Universums und folglich aus der Unendlichkeit der Existenzformen der Materie und der möglichen Kombinationen in jedem Augenblick.

Aus der Tatsache, daß manche Ereignisse oder manche Zustände eine sehr geringe Existenzwahrscheinlichkeit besitzen (die aber nicht gleich Null ist), schließt Jacques Monod, daß es sich um ganz „besondere", „nicht deduzierbare", „völlig unvorhersehbare" handelt, und leitet daraus den Begriff der Zufälligkeit ab: Im Grunde ist nicht mehr der Zufall eine der Existenzweisen der Notwendigkeit, sondern im Gegenteil die Notwendigkeit ein Mögliches unter anderem, gleichrangig neben anderem: „Alles ist möglich", ruft er aus – und das nicht, ohne gewisse Ideenassoziationen nahezulegen, die über die Biologie hinausgehen.

Eine fragwürdige Methode

Jacques Monod wendet sich praktisch gegen alle Weltanschauungen. Aber das innere Gleichgewicht des Textes, der jeweilige Platz und die verbale Gewalt, die jeder Ideologie gewidmet werden, lassen keinerlei Zweifel: In erster Linie zielt er auf den Marxismus.

Abgesehen von den grundlegenden Problemen, seien hier die benutzten Verfahren betrachtet, die für einen Wissenschaftler ziemlich eigenartig scheinen. Nachdem er dem Marxismus vorgeworfen hat, die Dialektik der Natur dem historischen Materialismus künstlich aufgepfropft zu haben, um ihn besser rechtfertigen zu können, „deduziert" er selbst ganz „natürlich" eine Philosophie, eine Ethik und eine Politik aus der Darstellung seiner Konzeptionen in der Biologie. Hier heißt es sich entscheiden: Entweder ist diese Deduktion gewagt, oder es handelt sich um einen längst überholten „Naturalismus". Beides berechtigt wohl kaum zu einer so oberflächlichen Kritik am Marxismus – um so weniger, wenn man berücksichtigt, daß er nicht ein vollendetes „Monument" ist, sondern, wie jede Wissenschaft, ein gesichertes Wissen enthält und gleichzeitig in jedem Augenblick mit der Wirklichkeit konfrontiert ist, um sich unaufhörlich anzureichern.

Ein anderes eigenartiges Verfahren: Es besteht darin, dem Marxismus etwas zu unterstellen, das nicht mit seinem wirklichen Inhalt übereinstimmt, und als Antwort an diejenigen, die unvermeidlich auf den „Irrtum" hinweisen werden, die Vorwürfe von vornherein zu entkräften. Der entsprechende Absatz verdient es, zitiert zu werden: „Man kann gewiß diese Rekonstruktion anzweifeln, man kann bestreiten, daß sie dem authentischen Denken von Marx und Engels entspricht. Aber *das ist im Grunde sekundär.* Der Einfluß einer Ideologie hängt von der Bedeutung ab, die sie im Geiste ihrer Anhänger annimmt und die die Epigonen ihr geben. Unzählbare Texte beweisen, daß die vorgeschlagene Rekonstruktion legitim ist, indem sie mindestens *die ‚Vulgata' des dialektischen Materialismus* darstellt." (Hervorhebungen – J. M.)

Von diesem Punkt an sieht Jacques Monod „rot": Der Marxismus wird zur „Religion" und für wissenschaftsfeindlich erklärt, und „das moderne Übel ist diese Lüge". In unserer Naivität sahen wir das moderne Übel im Fortbestehen von Gesellschaftsordnungen, die auf die Ausbeutung des Menschen durch den Menschen gegründet sind, und wir sahen auf ideologischer Ebene eins der Hindernisse für gesellschaftliche Veränderungen im Gewicht der Ideologien spekulativen, nicht wissenschaftlichen Charakters!

Indem Jacques Monod die Ideologie hinausjagt, ist er auf ganz natürliche Weise gezwungen, sie in Form einer „Erkenntnisethik" wieder einzuführen, und zwar durch die Wahl a priori von Kriterien, die in die Analyse der Wirklichkeit eingeführt werden. Es sei zitiert: „In der Ethik der Erkenntnis ist es *die ethische Wahl eines ursprünglichen Wertes, die die Erkenntnis begründet.* Die Ethik der Erkenntnis zwingt sich dem Menschen nicht auf; *er ist es im Gegenteil, der sie sich auferlegt,* indem er sie *axiomatisch* zur Bedingung der Authentizität jeder Äußerung oder jeder Handlung macht." Wie man sieht, gibt es auch in der Philosophie keinen dritten Weg . . . Illusorisch ist die Freiheit, die in diesem Absatz behauptet wird: die Freiheit besteht weder in einem „Alles ist möglich" noch in einer Proklamation, sie kann sich nur aus der möglichst genauen Erkenntnis der Welt und ihrer Gesetze sowie aus deren Ausnutzung durch die Menschen ergeben.

Die ewige Rückkehr

Der Kampf der Wissenschaft gegen die positivistische Ideologie ist ein ständiger Kampf unter stets erneuerten Formen und mit sich wandelnden Themen. Er zwingt den Marxismus, der den positivistischen Ideologen hinderlich ist, weil er auf wissenschaftlichen Grundlagen beruht, nicht stehenzubleiben, sich unaufhörlich mit den sich ausdehnenden Erkenntnissen und der gesellschaftlichen Praxis zu entwickeln.

In unserer Zeit macht die Wissenschaft, machen *alle Wissenschaften* beachtliche, beschleunigte Fortschritte. Daraus ergibt sich, daß ständig neue Probleme auftauchen. Aber gleichzeitig zieht dieser bisher ungekannte Fortschritt mehr denn je die Notwendigkeit einer allgemeinen Konzeption nach sich, die ihm Kohärenz und Synthese verleihen. Der Marxismus ist also nicht überholt (Jacques Monod seinerseits meint, daß es nicht nur darum geht, ihn zu „revidieren", sondern ihn völlig aufzugeben, darin bestünde „die einzige Hoffnung des Sozialismus"), er ist vielmehr dazu „verurteilt", sich ständig zu entwickeln, um immer besser auf die sich verändernde Wirklichkeit und Wissenschaft antworten zu können.

Man könnte dennoch fragen: Warum ist die gegenwärtige Offensive des Positivismus mit der Biologie verbunden? Denn das Buch Jacques Monods steht nicht allein. Die Biologen können durch ihre Arbeiten dazu beitragen, diese Frage zu beantworten, sie können zu einem allgemeineren Eindringen in die von der unerhörten Entwicklung ihrer Disziplin gestellten Probleme beitragen.

Wir erheben nicht den Anspruch, das Thema zu erschöpfen. Das könnte auch nur die Leistung einer kollektiven, multidisziplinären Arbeit sein. Wir wollten hier nur erste Bemerkungen machen, die durch die Lektüre des Buches „Zufall und Notwendigkeit" angeregt worden sind. Der Streit ist bei weitem nicht abgeschlossen.

Als die Arbeiterbewegung den Rückschlag nach der Revolution von 1905 zu überwinden hatte, mußte sie die Versuche zurückweisen, die Grundlagen ihrer Theorie völlig in Frage zu stellen: In diesem Kampf schrieb Lenin sein Werk „Materialismus und Empiriokritizismus", das trotz seines Alters ein Bezugspunkt für Forscher und politisch Aktive bleibt.

Und was Mach betrifft, so bleibt sein Name verbunden mit dem Verhältnis der Geschwindigkeit eines Gegenstandes in einer Flüssigkeit zur Schallgeschwindigkeit in dieser Flüssigkeit. Aber wer erinnert sich noch an seine philosophischen Werke?

Gewiß sind die historischen Parallelen oft fragwürdig und oberflächlich. Sie können dennoch zum Nachdenken anregen.

Anmerkungen

GUY BESSE
Einleitung: Jacques Monod und der Marxismus

1 J. Monod, Le hasard et la nécessité, essai sur la philosophie naturelle de la biologie moderne, Paris 1970. Deutsche Übersetzung: Zufall und Notwendigkeit, Philosophische Fragen der modernen Biologie, Vorrede zu dieser Ausgabe von Manfred Eigen, München 1971.

JACQUES MILHAU
Der dialektische Materialismus und die Wissenschaften

1 Friedrich Engels, Dialektik der Natur, in: Marx/Engels, Werke, Berlin 1962, Bd. 20, S. 479 (nachfolgend abgekürzt: MEW)
2 Ebenda, S. 574
3 Ebenda, S. 516
4 Ebenda, S. 466
5 Ebenda, S. 476

JACQUES MILHAU
Eine Ethik der Wissenschaft

1 Marcelle Huraux, Le hasard et la nécessité, in: L'Humanité vom 11. 12. 1970
2 Paul Langevin, La valeur de la science (1934), in: La pensée et l'action, Paris 1950, S. 144 u. 149–150
3 Karl Marx, Kritik der Hegelschen Rechtsphilosophie, Einleitung, in: MEW, Bd. 1, Berlin 1956, S. 385
4 Guy Besse, Science et morale, in: Morale chrétienne et morale marxiste, Paris 1960, S. 31–32
5 Fernsehsendung. Postskriptum vom 25. 12. 1970: Beiträge von P. Thuillier u. P. Laborit
6 Vgl. Henri Dussort, L'école de Marbourg, Paris 1963, S. 20, 52–54, 110, 129, 146

Pierre Roubaud

Notizen zu „Zufall und Notwendigkeit" von Jacques Monod

1 „Teleonomie": Die Lebewesen sind „mit einem Entwurf begabte Objekte, den sie zugleich in ihren Strukturen enthalten und durch ihre Leistungen verwirklichen", d. h. den Entwurf, sich zu reproduzieren. „Autonome Morphogenese": Die Lebewesen sind „sich selbst bauende Maschinen". Alles in ihnen, „von der allgemeinen Form bis zum geringsten Detail", baut sich spontan mit „einer quasi totalen Freiheit gegenüber den Agenzien äußerer Bedingungen, die diese Entwicklung zwar hemmen, jedoch nicht lenken können . . ." „Invariante Reproduktion": Die Lebewesen sind „sich reproduzierende Maschinen".

2 Dieser Begriff ist dem der „operationellen Unbestimmtheit" entgegengesetzt, der der Unmöglichkeit entspricht, das Ablaufen eines Ereignisses mit hinreichender Genauigkeit zu beherrschen.

3 Diese Aktion kann z. B. die Zahl der Fälle einer „einmaligen" Mutation in der Geschichte des Lebens erhöhen, so daß die Mutation von da an zu einer vielfachen wird.

4 Der Schluß auf den „absoluten", „totalen", „reinen" Charakter des Zufalls in der Mutation ist nicht mehr gerechtfertigt als der auf „das Unvorhersehbare" im Auftauchen des Lebens oder des Menschen. Daß ein Ereignis nur einmal (oder tausendmal) stattfindet, ist kein Kriterium seiner Wahrscheinlichkeit. Daß ein Mensch nur einmal stirbt, macht seinen Tod nicht unwahrscheinlich. Es scheint mir unmöglich, die Wahrscheinlichkeit eines Ereignisses so zu definieren, wie Monod es macht. Die Mathematik hat mit der Wahrscheinlichkeitsrechnung Begriffe geschaffen, die wesentlich genauer sind als die, auf die Professor Monod sich zu beziehen scheint. Was die philosophischen Begriffe betrifft, hat der von Monod so sehr attackierte Engels in seiner Dialektik der Natur eine bemerkenswerte Analyse gegeben, und man hätte wenigstens erwarten können, daß sie erwähnt wird.

5 „In Wirklichkeit ist die Evolution für die moderne Theorie keineswegs eine Eigenschaft der Lebewesen" . . . „Das Lebewesen ist ein durch und durch logischer Apparat, der wunderbar rational und seinem Entwurf völlig angepaßt ist" . . . „Das gesamte System ist völlig und zutiefst konservativ, in sich selbst geschlossen und völlig unfähig, von der äußeren Welt irgendeine Lehre anzunehmen".

6 Untersuchungen solcher Art über die menschlichen Rassen, über die geistigen Fähigkeiten eineiiger Zwillinge, über die Verhaltens- und Denkvariationen bei genetisch stabilen Populationen usw. gestatten nicht, eine Erbübertragung der Denk- oder Verhaltensrahmen des Menschen anzunehmen. Sie beweisen im Gegenteil ihre sehr große Autonomie.

7 Mit Ausnahme der auf wissenschaftliche Erkenntnis gerichteten Aktion.

PHILIPPE CAZELLE

Der Begriff des Zufalls und die Kategorie der Kontingenz

1 Vgl. z. B. Jacques Neveu, Les Bases mathématiques du calcul des probabilités (deutsche Übersetzung: Mathematische Grundlagen der Wahrscheinlichkeitstheorie, München/Oldenburg 1969)

2 Wir haben beim „Gesetz der großen Zahl" den Begriff „Unabhängigkeit der Wahrscheinlichkeiten" benutzt. Dieser Begriff ist von exakten Bedingungen definiert, die eine der Formen des „Begriffs" physikalischer Unabhängigkeit darstellen, auf den Monod zurückgreift, wenn er von „voneinander völlig unabhängigen Kausalketten" spricht. Man muß feststellen, daß die „physikalische Unabhängigkeit" *kein wissenschaftlicher Begriff* ist. Es ist ein „Begriff", insofern in ihm ohne Vermittlung die Einheit *mehrerer Begriffe* enthalten ist, von denen die empirische oder wissenschaftliche Erfahrung übrigens zeigt, daß sie unter spezifischen Bedingungen untereinander Beziehungen eingehen können: außer dem Begriff der Unabhängigkeit der Wahrscheinlichkeiten z. B. der isolierten Systeme in der Thermodynamik, losgekoppelter Systeme in der Mechanik usw.; allein aus dieser Tatsache ergibt sich, daß der „wesentliche Zufall", der, vom „Begriff" der „völlig unabhängigen Kausalketten" ausgehend, definiert wird, nicht den Status eines wissenschaftlichen Begriffs beanspruchen kann.

PIERRE JAEGLÉ

Entropie – Information – Invarianz

1 L. D. Landau/E. M. Lifschitz, Lehrbuch der Theoretischen Physik, Bd. V, Statistische Physik, Berlin 1971, S. 31/32

2 Friedrich Engels, Dialektik der Natur, in: MEW, Bd. 20, Berlin 1962, S. 545

3 Ebenda, S. 327

JACQUES NINIO

Betrachtungen eines Biologen

1 E. Schrödinger, What is Life? Cambridge 1944 (deutsche Übersetzung: Was ist Leben?, München 1951); Léon Brillouin, Vie, Matière et Observation; F. H. C. Crick, Of Molecules and Men

2 Indem er gemeinsam mit Watson die Struktur der DNS (Desoxyribonukleinsäure) entdeckte, wurde Crick einer der Begründer der Molekularbiologie. Er spielte eine hervorragende Rolle bei der Ausarbeitung des genetischen Codes und bleibt nach wie vor eine der größten internationalen Autoritäten auf dem Gebiete der Molekularbiologie.

3 J. Monod schreibt weiter: „Um genauer zu sein: diese Strukturen sind ‚zufällig', insofern es unmöglich ist, selbst wenn man die genaue An-

ordnung von 199 Bausteinen in einem Protein, das 200 enthält, kennt, irgendeine theoretische oder emiprische Regel zu formulieren, mit der die Natur des durch die Analyse noch nicht identifizierten restlichen Bausteins vorhergesehen werden könnte." Es handelt sich um eine sehr gewagte Antizipation des Experiments. Die Analyse der Proteine bekannter Sequenz ist so scharf, daß man mit Sicherheit den 200. Baustein kennt, wenn die ersten 199 bekannt sind. Mit dem bisher Bekannten kann man jedoch nicht einmal die gründliche Untersuchung der Sequenzen von *drei Bausteinen* durchführen: von den 8000 möglichen wurden mehr als 2000 bisher nicht entdeckt.

4 Will J. Monod sagen, daß die Quantenunbestimmtheit gegen Null bis absolut Null strebt, daß sich die „Quantenstörungen" in einem beliebigen System, einschließlich eines im Gleichgewicht befindlichen Systems, akkumulieren? Man hat das Gefühl, daß er in diesem Abschnitt eine Beziehung zwischen dem Unschärfeprinzip und dem Gesetz der Entropiezunahme herstellt. Ein hervorragender Physiker, der Nobelpreisträger Lew Landau, war wesentlich vorsichtiger: „In der Quantenmechanik sind also beide Zeitrichtungen physikalisch nicht äquivalent, und es ist möglich, daß die „makroskopische" Beschreibung dieses Sachverhalts das Gesetz über das Anwachsen der Entropie ist. Es gelang aber bis heute noch nicht, auf irgendeine überzeugende Weise diese Verbindung herzustellen und zu zeigen, daß sie wirklich gültig ist. Ist der Ursprung des Gesetzes über das Anwachsen der Entropie wirklich von dieser Art, dann muß eine die Quantenkonstante h enthaltene Ungleichung existieren, die die Gültigkeit dieses Gesetzes gewährleistet und die in der realen Welt erfüllt ist (wahrscheinlich mit einem sehr großen Spielraum)." (L. D. Landau/E. M. Lifschitz, Lehrbuch der Theoretischen Physik, Bd. V, Statistische Physik, Berlin 1971, S. 34)

5 Vgl. z. B. L. D. Landau/E. M. Lifschitz, Statistische Physik, Moskau 1967, S. 45 (deutsche Übersetzung: Lehrbuch der Theoretischen Physik, Bd. V, Statistische Physik, Berlin 1971)

6 L. Brioullin, a. a. O., S. 50

7 J. Lederberg, in: Science, Bd. 129, 1959, S. 1649. –
O. Smithies, in: Science, Bd. 149, 1965, S. 151

8 In einem kürzlich erschienenen zusammenfassenden Artikel kann man z. B. lesen: Es ist noch nicht klargestellt worden, ob jede Variable der variablen Region (des Antikörpers) durch ein Gen individueller Struktur codiert wird, das im Genom eines jeden Individuums vorhanden ist, oder ob es eine beschränkte Anzahl von Genen für die variable Region gibt, die im Laufe der Differenzierung der Lymphzellen somatischen Mutationsprozessen unterworfen sind, welche die Variabilität hervorbringen. (C. Baglioni, Proceeding of the Royal Society, Bd. 176, S. 329; 1970)

[9] In einem unlängst erschienenen Artikel bemerkt Crick, daß aus der Sicht unserer gegenwärtigen Konzeption der natürlichen Auslese der Gang der Evolution uns zehn- oder hundertmal zu schnell scheint.

[10] In Wirklichkeit findet man den Ausdruck des Lebenskampfes bereits im Titel der ersten Abhandlung Darwins über die natürliche Zuchtwahl. Spencer führte den Ausdruck „survival of the fittest" (Überleben des Fähigsten) ein, der übrigens von Darwin aufgegriffen wurde.

[11] Zum Beispiel im Artikel von Perutz, Kendrew und Watson, in: Journal of Molecular Biology, Bd. 13, 1965, S. 669. Die ersten beiden Autoren sind Nobelpreisträger für Chemie.

[12] Gewisse Eigenschaften der Kinetik der Enzyme, die die Theorie der Allosterie zu erklären versucht, können auf verschiedene Weise interpretiert werden. Es gibt mehrere konkurrierende Versionen des allosterischen Modells. Siehe z. B. den Artikel von C. Frieden, in: The Journal of Biochemistry, Bd. 245, 1970, S. 5788. Andererseits haben die außerordentlich genauen Kristalluntersuchungen des Hämoglobins einige Aspekte des allosterischen Modells bestätigt und andere Besonderheiten widerlegt: Perutz, in: Nature, Bd. 228, 1970, S. 726.

[13] Dieser Artikel ist die Frucht einer kollektiven Arbeit von Biologen und Physikern. Er beansprucht nicht, wissenschaftlich ohne Mängel zu sein, und will vor allem, vom Buch J. Monods ausgehend, eine wissenschaftliche Denkströmung freilegen und ihren Platz im aktuellen wissenschaftlichen Streitgespräch bestimmen.

Namenverzeichnis

Zur Kritik der bürgerlichen Ideologie

HERAUSGEGEBEN VON MANFRED BUHR

unter Mitwirkung von

ANDRÁS GEDÖ (Budapest) · M. T. JOWTSCHUK (Moskau)
TODOR PAWLOW (Sofia) · VLADIMIR RUML (Prag)
ROBERT STEIGERWALD (Frankfurt/Main)

1. ILEANA BAUER/ANITA LIEPERT
Sirenengesang eines Renegaten oder Die „große Wende" Roger Garaudys

2. ALEXANDER ABUSCH
Tradition und Gegenwart des sozialistischen Humanismus

3. WALTER JOPKE
Ideologischer Klassenkampf und sozialistisches Bewußtsein

4. N. MOTROSCHILOWA/J. SAMOSCHKIN
Marcuses Utopie der Antigesellschaft

5. GERTRAUD KORF
Ausbruch aus dem „Gehäuse der Hörigkeit"?
Kritik der Kulturtheorien Max Webers und Herbert Marcuses

6. JURI DAWYDOW
Die sich selbst negierende Dialektik
Kritik der Musiktheorie Theodor Adornos

7. JOACHIM STREISAND
Kritische Studien zum Erbe der deutschen Klassik
Fichte — W. v. Humboldt — Hegel

8. ANDRÁS GEDÖ
Der entfremdete Marx
Zur existentialistisch-„humanistischen" Marxismus-Deutung

9. GEORG MENDE
Philosophie und Ideologie
Marxistisch-leninistische Polemik in philosophiehistorischer Bewährungsprobe

10. WILHELM RAIMUND BEYER
Die Sünden der Frankfurter Schule
Ein Beitrag zur Kritik der „Kritischen Theorie"

11. HARALD WESSEL

Philosophie des Stückwerks

Eine Auseinandersetzung mit dem neupositivistischen „kritischen Rationalismus“

12. ANDRÁS GEDÖ/MANFRED BUHR/VLADIMIR RUML

Die philosophische Aktualität des Leninismus/Zur Aktualität der Leninschen Positivismus-Kritik/Positivistische „Philosophie der Wissenschaft“ im Lichte der Wissenschaft

13. WILHELM GIRNUS

Von der unbefleckten Empfängnis des Ästhetischen

Zur „Ästhetik“ von Georg Lukács/Zweitausend Jahre Verfälschung der aristotelischen „Poetik“/Kunst und Geschichte

14. HERMANN KLENNER

Rechtsleere

Verurteilung der Reinen Rechtslehre

15. ROBERT STEIGERWALD

Marxistische Klassenanalyse oder spätbürgerliche Mythen

Lenin-Verfälschung in der BRD/„Links“-revisionistische Sozialismus-Kritik/Bürgerliche Ideologie in linker Verkleidung/Antikommunismus — seine Grundmythen und Grundmechanismen

16. GÜNTER WETTSTÄDT

„Industriegesellschaft“ – „Ostpädagogik“ – Antikommunismus

17. ROLF BAUERMANN/HANS-JOCHEN RÖTSCHER

Dialektik der Anpassung

Die Aussöhnung der „Kritischen Theorie“ mit den imperialistischen Herrschaftsverhältnissen

18. WALTER HOLLITSCHER

„Kain“ oder Prometheus?

Zur Kritik des zeitgenössischen Biologismus

19. ERHARD ALBRECHT

Bestimmt die Sprache unser Weltbild?

Zur Kritik der gegenwärtigen bürgerlichen Sprachphilosophie

20. HERBERT MEISSNER

Theorie des Wirtschaftswachstums

Hoffnung und Dilemma der bürgerlichen Ökonomie

21. PETER REICHEL

Verabsolutierte Negation

Zu Adornos Theorie von den Triebkräften der gesellschaftlichen Entwicklung

22. LADISLAV HRZAL

Die Auseinandersetzung mit dem Revisionismus und dem Antikommunismus

während der krisenhaften Entwicklung in der ČSSR 1968/69

23. BERND P. LÖWE

Klassenkampf oder sozialer Konflikt?

Zu den Gleichgewichts- und Konflikttheorien der bürgerlichen politischen Soziologie

24. PANAJOT GINDEV

Die Diktatur des Proletariats und ihre „Kritiker"

25. HERMANN LEY

Über die Schwierigkeiten des Einzelwissenschaftlers

Des Biologen Jacques Monod Kritik am historischen Materialismus und der Zwang zur Philosophie in den Naturwissenschaften

26. HUBERT HORSTMANN

Der Physikalismus als Modellfall positivistischer Denkweise

27. GEORG KLAUS

Kybernetik – eine neue Universalphilosophie der Gesellschaft?

28. HANS SCHULZE

Sozialdemokratismus zwischen Entideologisierung und Reideologisierung

29. ROLAND MEISTER

Ideen vom Weltstaat und der Weltgemeinschaft im Wandel imperialistischer Herrschaftsstrategien

31. JÜRGEN KUCZYNSKI

Das Gleichgewicht der Null

Zu den Theorien des Null-Wachstums

KLAUS STÄDTKE

Studien zum russischen Realismus des 19. Jahrhunderts

Zum Verhältnis von Weltbild und epischer Stuktur

(Literatur und Gesellschaft)

1973. 220 Seiten — 8° — 7,— M
Bestell-Nr. 752 348 2 (2150/10)

Detaillierte Analysen zu den spannungsreichen Wechselbeziehungen zwischen gesellschaftlicher Realität und literarischem Ausdruck, zwischen Werkstruktur und Weltbild des Autors, zwischen kritischem Abbild der Wirklichkeit und dem Entwurf eines „Goldenen Zeitalters" erbringt Städtke am Beispiel bedeutender Werke Puškins, Turgenevs, Černyševskijs, Nekrasovs, Dostoevskijs und Tolstojs. Er untersucht den Freiheitsbegriff, die Geschichtsauffassung und die Volksverbundenheit der klassischen russischen Literatur des 19. Jahrhunderts, deren Auseinandersetzung mit dem bürgerlichen Revolutionskonzept und dem vormarxschen Sozialismus sowie – besonders eindringlich an Dostoevskijs „Die Brüder Karamazov" und Tolstojs „Auferstehung" – den Inhalt und die Grenzen des utopischen Humanismusideals. Damit eröffnet sich der Blick auf die Spezifik der Entwicklung und auf die weltliterarische Stellung des russischen Realismus.

Bestellungen durch eine Buchhandlung erbeten

AKADEMIE-VERLAG
DDR — 108 Berlin, Leipziger Str. 3–4

WERNER MITTENZWEI

Brechts Verhältnis zur Tradition

(Literatur und Gesellschaft)

2. Auflage
1973. 299 Seiten — 8° — 9,50 M
Bestell-Nr. 752 105 7 (2150/4)

Von den zwanziger Jahren, als Brecht die Klassiker der Weltliteratur zu den „Kriegsopfern" zählte, bis zu seinen Vorschlägen aus den fünfziger Jahren, „den ursprünglichen Ideengehalt" der alten Werke herauszubringen und jede Veränderung mit „historischem Gefühl und viel Kunst" vorzunehmen, verfolgt Mittenzwei die Veränderungen in Brechts Verhältnis zur Tradition. Dabei arbeitet er die Gegensätzlichkeiten dieser Positionen zu denen von Lukács, von Adorno und Marcuse heraus, um Brechts Erbekonzeption und die Traditionslinie seine Werkes verständlich zu machen.
Mit dieser Arbeit, die als eine Aufforderung zur Diskussion gedacht ist, sucht Mittenzwei neue Akzente für die Aneignung des weltliterarischen Erbes in der entwickelten sozialistischen Gesellschaft zu setzen.

Bestellungen durch eine Buchhandlung erbeten

AKADEMIE-VERLAG
DDR — 108 Berlin, Leipziger Str. 3—4

Die Beiträge dieses Heftes wurden von *Vincent von Wroblewsky* aus dem Französischen ins Deutsche übertragen. Sie sind folgenden Zeitschriften entnommen:

„France Nouvelle" vom 28. Oktober 1970 (J. Milhau, Zum Buch Jacques Monods „Zufall und Notwendigkeit")

„France Nouvelle" vom 25. November 1970 (J. Milhau, Der dialektische Materialismus und die Wissenschaften)

„La Nouvelle Critique", Nr. 42, März 1971 (J. Milhau, Eine Ethik der Wissenschaft; Ph. Cazelle, Der Begriff des Zufalls und die Kategorie der Kontingenz; P. Jaeglé, Entropie — Information — Invarianz; J. Ninio, Betrachtungen eines Biologen)

„Cahier du Communisme", April 1971 (P. Roubaud, Notizen zu „Zufall und Notwendigkeit" von Jacques Monod)

„ITC–Actualités", Dezember 1970 (J. Metzger, Wissenschaft und Ideologie)

Erschienen im Akademie-Verlag, 108 Berlin,
Leipziger Str. 3–4

Lizenznummer: 202 · 100/24/73
Gesamtherstellung: IV/2/14 VEB Druckerei
»Gottfried Wilhelm Leibniz«, 445 Gräfenhainichen · 4124
Umschlaggestaltung: Willi Bellert
Bestellnummer: 752 434 6 (2149/30) LSV 0165
Printed in GDR
EVP 4,20

Bei Fragen zur Produktsicherheit wenden Sie sich bitte an:
If you have any questions regarding product safety,
please contact:

Walter de Gruyter GmbH
Genthiner Straße 13
10785 Berlin
productsafety@degruyterbrill.com